全国高职高专教育"十二五"规划教材

工厂电气控制设备安装与维护

主　编：秦贞龙　吴元修

副主编：程继兴　郝云召　宋　健

韩照波　高　迟

东南大学出版社

·南京·

内容简介

本书根据最新的高职院校职业教育课程改革精神,结合职业岗位技能需求和作者多年的职业教育教学经验编写而成。全书从两部分讲解电气控制线路和 PLC 技术应用。电气控制部分介绍了常用低压电器,典型电气控制线路的原理和安装调试及常用机床的电气控制及故障分析等。PLC 技术应用部分介绍了三菱 FX2N 系列 PLC 的结构、原理、编程软件的使用、基本逻辑指令及功能指令的使用方法等。

本书可作为高职高专院校电气自动化、机电一体化、机电设备维护、数控技术等专业的教学用书,也可以作为成人教育、函授学院、中职学校的教材,以及企业专业技术人员的参考用书。

图书在版编目(CIP)数据

工厂电气控制设备安装与维护 / 秦贞龙,吴元修主编. —南京:东南大学出版社,2013.8(2019.2)重印
ISBN 978-7-5641-4423-4

Ⅰ. ①工… Ⅱ. ①秦… ②吴… Ⅲ. ①工厂—电气控制装置—安装—职业教育—教材 ②工厂—电气控制装置—维修—职业教育—教材 Ⅳ. ①TM571.2

中国版本图书馆 CIP 数据核字(2013)第 191385 号

工厂电气控制设备安装与维护

出版发行:东南大学出版社
社　　址:南京四牌楼 2 号　邮编:210096
出 版 人:江建中
网　　址:http//www.seupress.com
经　　销:全国各地新华书店
印　　刷:南京玉河印刷厂
开　　本:787mm×1092mm　1/16
印　　张:12
字　　数:277 千字
版　　次:2013 年 8 月第 1 版
印　　次:2019 年 2 月第 2 次印刷
印　　数:3001—5000 册
书　　号:ISBN 978-7-5641-4423-4
定　　价:22.00 元

本社图书若有印装质量问题,请直接与营销部联系。电话(传真):025—83791830

前言

　　"工厂电气控制设备安装与维护"是高职高专电气类和机电类专业的一门实践性较强的专业课之一。本教材根据高职高专的培养目标,结合高职高专的教学改革和课程改革,本着结合工程实际、突出技术应用的原则,由学校、企业、行业专家组成教材编写组合作开发。

　　本教材彻底打破课程的学科体系,在内容选取上以"必需"和"够用"为度,重视职业技能训练和职业能力培养,采用项目化教学法完成课程的教学,加强了专业知识和技能的应用,突出了专业技能的提高。

　　为了方便教学,教材分为两部分:电气控制部分和PLC技术应用部分。电气控制部分介绍了常用低压电器,典型电气控制线路的原理和安装调试及常用机床的电气控制及故障分析等。PLC技术应用部分介绍了三菱FX2N系列PLC的结构、原理、编程软件的使用、基本逻辑指令及功能指令的使用方法等。

　　本教材在教学使用过程中,并非全部内容都要讲解,可根据不同专业、实训环境、培养目标合理选用。本教材参考学时数为72学时。

　　本书可作为高职高专院校电气自动化、机电一体化、机电设备维护、数控技术等专业的教学用书,也可以作为成人教育、函授学院、中职学校的教材,以及企业专业技术人员的参考用书。

　　本教材由莱芜职业技术学院秦贞龙和吴元修担任主编,程继兴、郝云召、宋健、韩照波、高迟担任副主编。同时,感谢山东莱芜新甫塑机有限公司胡延波工程师、山东齐林电气设备公司韦志强高级工程师、山东新华制药股份有限公司王志刚高级工程师在本书编写过程中给予的大力支持和帮助。在编写过程中,还参阅了许多同行专家门的论著文献,在此一并表示感谢。

　　由于本书编者水平有限,编写时间仓促,书中疏漏和错误之处在所难免,恳请读者批评指正。

编者
2013.5

目　录

项目一 CA6140 车床电气控制系统的安装与维护

项目描述：以 CA6140 车床电气控制线路分析及故障排除工作任务为载体，通过车床电气控制线路的分析及故障排除等具体工作任务，引导教授与具体工作相关联的线路分析、故障排除，加强学生理解能力和故障排除检修能力。

任务 1.1 电动机自锁正转控制线路的安装与检测

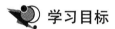 学习目标

1. 知识目标
(1) 电气控制系统图的基本知识；
(2) 电气控制中的各种保护；
(3) 电动机的自锁正转控制线路的分析与实现；
(4) 电动机的自锁正转控制线路的故障诊断与维修。

2. 能力目标
(1) 会识读与绘制电气控制系统图；
(2) 会正确判断电器元件的好坏；
(3) 会根据电气原理图、接线图正确接线；
(4) 会正确分析电动机的自锁正转控制线路的原理、故障诊断与故障排除。

任务描述

以典型的电动机的自锁正转控制线路的原理分析、安装与维修工作任务为载体，通过实施电气控制线路的分析、设计、装接的具体工作任务，引导讲授与具体工作相关的电器元件，控制电路的设计分析、接线，加强学生理解能力和检修能力。

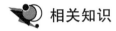相关知识

1.1.1 电气控制器件

1 按钮开关

按钮开关是一种用来短时接通或分断小电流电路的电器,一般情况下它不直接控制主电路的通断,而是在控制电路中发出指令或信号去控制接触器、继电器等电器,再由它们去控制主电路的通断。

按钮的触头允许通过的电流很小,一般不超过 5A。按钮开关的外形如图 1-1 所示,其结构如图 1-2 所示,由按钮帽、复位弹簧、常开静触头、常闭静触头、动触头和外壳等组成。

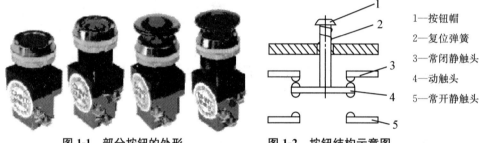

图 1-1 部分按钮的外形　　图 1-2 按钮结构示意图

1—按钮帽
2—复位弹簧
3—常闭静触头
4—动触头
5—常开静触头

按钮开关的种类很多,在机床中常用的有 LA2、LA10、LA18、LA19、LA20 等系列。其中 LA18 系列按钮是积木式结构,触头数目可按需要拼装;结构形式有揿钮式、旋钮式、紧急式、钥匙式。LA19 系列在按钮内装有信号灯,除了作为控制电路的主令电器外,还可兼作信号指示灯用。为了便于操作人员识别,避免发生误操作,生产中用不同的颜色来区分按钮的功能及作用。红色代表紧急急停,黄色代表异常情况,绿色、黑色可用作启动按钮来使用。

按钮按静态时触头的分合状态,可分为常开按钮(启动按钮)、常闭按钮(停止按钮)和复合按钮(常开、常闭组合为一体的按钮)。常开按钮:未按下时,触头是断开的;按下时触头闭合;当松开后,按钮自动复位。常闭按钮:未按下时,触头是闭合的;按下时触头断开;当松开后,按钮自动复位。复合按钮:按下复合按钮时,其常闭触头先断开,然后常开触头后闭合;松开复合按钮时,其常开触头先断开,然后常闭触头后闭合。

按钮选用应根据使用场合、用途、被控电路所需的触头数目和所需颜色来综合考虑。

按钮开关的型号含义如图 1-3 所示。

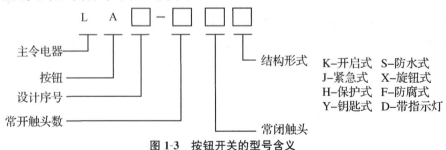

主令电器
按钮
设计序号
常开触头数
结构形式
K—开启式　S—防水式
J—紧急式　X—旋钮式
H—保护式　F—防腐式
Y—钥匙式　D—带指示灯
常闭触头

图 1-3 按钮开关的型号含义

按钮开关的符号如图1-4所示。

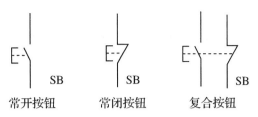

常开按钮　　　　常闭按钮　　　　复合按钮

图1-4　按钮开关的符号

2　低压开关

低压开关主要用作隔离、转换及接通和分断电路用,多数用作机床电路的电源开关和局部照明电路的控制开关,有时也可用来直接控制小容量电机的启动、停止和正反转。低压开关一般为非自动切换电器,常用的主要类型有刀开关和组合开关。

刀开关是一种结构简单且应用最广泛的低压电器,最常用的是由刀开关和熔断器组合而成的负荷开关。负荷开关分为开启式负荷开关和封闭式负荷开关两种。

(1) 开启式负荷开关

开启式负荷开关又称为瓷底胶盖刀开关,简称闸刀开关。生产中常用的是 HK 系列开启式负荷开关,适用于照明、电热设备及小容量电动机控制线路中,供手动不频繁的接通和分断电路,并起短路保护。HK 系列瓷底胶盖刀开关是由刀开关和熔断器组合而成的一种电器,其结构如图1-5所示。开关的瓷底座上有进线座、静触头、熔体、出线座及带瓷质手柄的刀式动触头,上面盖有胶盖以保证用电安全。

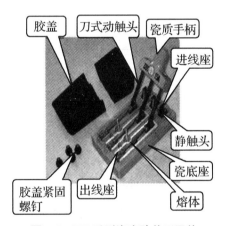

胶盖　　刀式动触头　　瓷质手柄

进线座

静触头

瓷底座

熔体

胶盖紧固螺钉　　出线座

图1-5　HK 系列瓷底胶盖刀开关

HK 系列瓷底胶盖刀开关没有专门的灭弧装置,仅仅靠胶盖的遮护来防止电弧灼伤操作人员,因此不宜带负荷操作。若带一般性负荷操作时,操作者动作一定要迅速,使电弧尽快熄灭。由于这种开关不设专门的灭弧装置,因此不宜用于频繁操作和带负荷的电路。但因其价格便宜,结构简单,操作方便,所以在一般的照明电路和功率小于 5.5kW 电动机的控制电路中仍常被采用。用于照明电路时,可选用额定电压为 250 V,额定电流等于或大于电路最大工作电流的两极开关;用于电动机直接启动时,可选用额定电压为 380 V 或 500 V,

额定电流等于或大于电动机额定电流 3 倍的三极开关。

刀开关的安装与使用注意事项：一般来说必须垂直安装在控制屏或开关板上，不能横装或倒装；接通时手柄应朝上；接线时应把电源线接在静触头一边的进线座，负载接在动触头一边的出线座，不可接反，否则在更换熔丝时会发生触电事故。HK 系列瓷底胶盖刀开关的符号如图 1-6 所示。

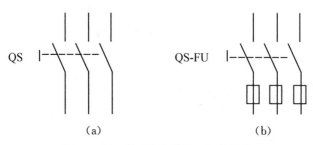

图 1-6 HK 系列瓷底胶盖刀开关符号

（a）刀开关 （b）带熔断器刀开关

HK1 系列开启式负荷开关基本技术参数见表 1-1。

表 1-1 HK1 系列开启式负荷开关基本技术参数

型号	极数	额定电流值/A	额定电压值/V	可控制电动机最大容量值/kW		配用熔丝规格			
				220 V	380 V	熔丝成分/%			熔丝线径/mm
						铅	锡	锑	
HK1-15	2	15	220	—	—				1.45～1.59
HK1-30	2	30	220	—	—				2.30～2.52
HK1-60	2	60	220	—	—	98	1	1	3.36～4.00
HK1-15	3	15	380	1.5	2.2				1.45～1.59
HK1-30	3	30	380	3.0	4.0				2.30～2.52
HK1-60	3	60	380	4.5	5.5				3.36～4.00

开启式负荷开关的型号含义如下：

图 1-7 开启式负荷开关的型号含义

（2）封闭式负荷开关

封闭式负荷开关俗称铁壳开关，可不频繁的接通和分断负载电路，也可用于控制 15 kW 以下的交流电动机不频繁的直接启动和停止。

常用的封闭式负荷开关有 HH3、HH4 系列，其中 HH4 系列为全国统一设计产品。它是由刀开关、熔断器、操作机构和外壳组成。这种开关的操作机构具有以下两个特点：一是采用了储能分合闸方式,使触头的分合速度与手柄的操作速度无关,有利于迅速熄灭电弧,从而提高开关的通断能力,延长其使用寿命;二是设置了联锁装置,保证了开关在合闸状态下开关盖不能开启,而当开关盖开启时又不能合闸,确保操作安全。

封闭式负荷开关在电路图中的符号与开启式负荷开关相同。

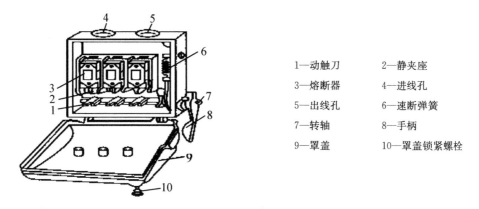

1—动触刀	2—静夹座
3—熔断器	4—进线孔
5—出线孔	6—速断弹簧
7—转轴	8—手柄
9—罩盖	10—罩盖锁紧螺栓

图 1-8 封闭式负荷开关

封闭式负荷开关的选用：

1) 封闭式负荷开关的额定电压应不小于线路的工作电压。

2) 封闭式负荷开关用于控制照明、电热负载时,开关的额定电流应不小于所有负载额定电流之和;用于控制电动机时,开关的额定电流应不小于电动机额定电流的 3 倍。

封闭式负荷开关在使用时应注意以下几个事项：

1) 开关外壳应可靠接地,防止意外漏电造成触电事故。

2) 封闭式负荷开关不允许随便放在地上使用。

3) 操作时要站在开关的手柄侧,不准面对开关,避免因意外故障电流使开关爆炸,铁壳飞出伤人。

封闭式负荷开关的型号含义如图 1-9 所示。

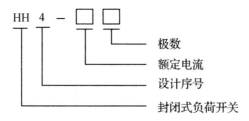

图 1-9 封闭式负荷开关的型号含义

3 组合开关

组合开关又称转换开关,常用于交流 50 Hz、380 V 以下及直流 220 V 以下的电气线路中,供手动不频繁的接通和断开电路、接通电源和负载以及控制 5 kW 以下小容量异步电动机的启动、停止和正反转。

常用的组合开关有 HZ10 系列,其结构如图 1-10 所示。它的内部有三对静触头,分别装在绝缘垫板上,并附有接线柱,用于与电源及用电设备的连接。三个动触头是由磷铜片或硬紫铜片和具有良好绝缘性能的绝缘钢纸板铆合而成,和绝缘垫板一起套在附有手柄的绝缘杆上,手柄每转动 90°,带动三个动触头分别与三对静触头接通或断开,实现接通或断开电路的目的。开关的顶盖部分由凸轮、弹簧及手柄等零件构成操作机构,由于采用了扭簧储能可使触头快速闭合或分断,从而提高了开关的通断能力。

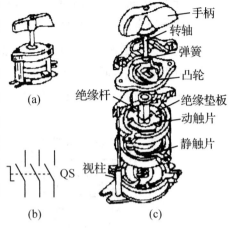

组合开关具有体积小、寿命长、结构简单、操作方便、灭弧性能较好等优点。选用时,应根据电源种类、电压等级、所需触头数、电动机的容量进行选用。HZ10 系列组合开关的技术参数见表 1-2。

图 1-10　HZ10 组合开关
（a）外形　（b）符号　（c）结构

表 1-2　HZ10 系列组合开关的技术参数

型号	额定电压/V	额定电流/V	极数	极限操作电流/A		可控电动机最大容量和额定电流		在额定电压、电流下通断次数	
				接通	分断	最大容量/kW	额定电流/A	交流 λ	
								≥0.8	≥0.3
HZ10-10	交流 380 直流 220	6	单极	94	62	3	7	20000	10000
		10	2、3						
HZ10-25		25		155	108	5.5	12		
HZ10-60		60							
HZ10-100		100							

组合开关的型号含义如下:

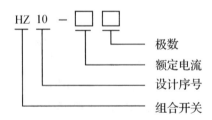

HZ 10 — □□
极数
额定电流
设计序号
组合开关

图 1-11　组合开关的型号含义

4　熔断器

熔断器是低压配电网络和电力拖动系统中主要用作短路保护的电器。使用时串联在被保护的电路中,当电路发生短路故障时,通过熔断器的电流达到或超过某一定值使其自身产生的热量来熔断熔体,从而达到自动切断电路,起到保护作用。常用的熔断器有插入式、螺旋式、有填料封闭管式、无填料封闭管式等几种类型,如RC1A、RL1、RT0系列等。

熔断器主要由熔体、熔管和熔座三个部件组成。熔体是熔断器的主要组成部分,常做成丝状、片状、栅状。熔体的材料通常有两种,一种是由铅、铅锡合金等低熔点材料制成,多用于小电流电路;另一种是由银、铜等较高熔点材料制成,多用于大电流电路。熔管是熔体的保护外壳,用耐热绝缘材料制成,在熔体熔断时兼有灭弧作用。熔座是熔断器的底座,作用是固定熔管和外接引线。

（1）RC1A系列插入式熔断器

插入式熔断器主要用于380 V三相电路和220 V单相电路中用作短路保护,其外形及结构如图1-12所示。插入式熔断器主要是由瓷座、静触头、动触头、熔丝、瓷盖这几部分组成,瓷座中部有一个空腔,与瓷盖的突起部分组成灭弧室。60 A以上的在空腔内垫有编织石棉层,加强灭弧功能。

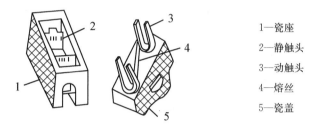

1—瓷座
2—静触头
3—动触头
4—熔丝
5—瓷盖

图1-12　RC1A系列插入式熔断器

（2）RL1系列螺旋式熔断器

螺旋式熔断器主要用于控制箱、配电屏、机床设备及振动较大的场合,在交流额定电压500 V、额定电流200 A及以下的电路中用作短路保护,其外形及结构如图1-13所示。

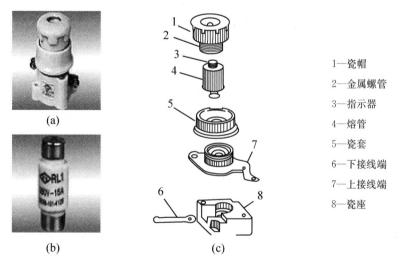

1—瓷帽
2—金属螺管
3—指示器
4—熔管
5—瓷套
6—下接线端
7—上接线端
8—瓷座

（a）　　　（b）　　　（c）

图1-13　RL1系列螺旋式熔断器

（a）外形　（b）熔断管　（c)结构

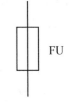

螺旋式熔断器主要是由瓷帽、熔体、瓷套、上/下接线柱及底座等组成。熔体内除了装有熔丝外,还填充有灭弧用的石英砂。熔体上盖中心装有红色的熔断指示器,当熔丝熔断时,指示器在弹簧的作用下弹出,从瓷盖上的玻璃窗口可检查熔体是否完好。在装接时,电源线应接在下接线柱,负载线应接在上接线柱,这样在更换熔体时,旋出瓷帽后螺纹上不会带电,保证了人身安全。螺旋式熔断器具有体积小、结构紧凑、熔断快、分断能力强、熔丝更换方便、熔丝熔断能自动指示等优点,在机床电路中被广泛应用。

图 1-14　熔断器的符号

熔断器在电路图中的符号如图 1-14 所示。

（3）熔断器的选择

熔断器的选择包含熔断器类型的选择和熔体、熔断器额定电流、电压的选择。

1）熔断器类型的选择。

根据使用环境和负载性质选择适当类型的熔断器。例如,用于容量较小的照明电路,可选用 RC1A 系列插入式熔断器;在开关柜或配电屏中可选用 RM10 系列无填料封闭管式熔断器;对于短路电流较大或有易燃气体的地方,应选用 RT0 有填料封闭管式熔断器;在机床控制线路中,多选用 RL1 系列螺旋式熔断器。

2）熔体额定电流的选择。

① 对于照明、电热等电流较平稳、无冲击电流的负载短路保护,熔体的额定电流应等于或稍大于负载的额定电流。

② 对单台电动机的短路保护,熔体的额定电流 I_{RN} 应等于或稍大于(1.5～2.5 倍)负载的额定电流 I_N。即

$$I_{RN} \geqslant (1.5 \sim 2.5) I_N$$

③ 对多台电动机的短路保护,熔体的额定电流 I_{RN} 应等于或稍大于其中最大容量电动机的额定电流 I_{Nmax} 的 1.5～2.5 倍加上其余电动机的额定电流的总和 $\sum I_N$。即

$$I_{RN} \geqslant (1.5 \sim 2.5) I_{Nmax} + \sum I_N$$

3）熔断器额定电流、电压的选择。

熔断器的额定电压必须大于或等于熔断器所接电路的额定电压;熔断器的额定电流必须大于或等于所装熔体的额定电流。

熔断器的型号含义如图 1-5 所示。

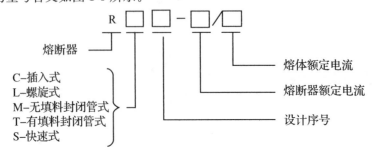

图 1-15　熔断器的型号含义

5　接触器

接触器是一种适用于在低压配电系统中远距离控制频繁操作交、直流电路及大容量控制电路的自动控制开关电器,主要用于控制交、直流电动机及电热设备等。接触器按触头流过的电流分为直流接触器和交流接触器。下面分别介绍交流接触器和直流接触器。

（1）交流接触器

1）交流接触器结构

交流接触器主要由电磁系统、触头系统、灭弧装置、辅助部件等组成,外形及结构如图 1-16 所示。

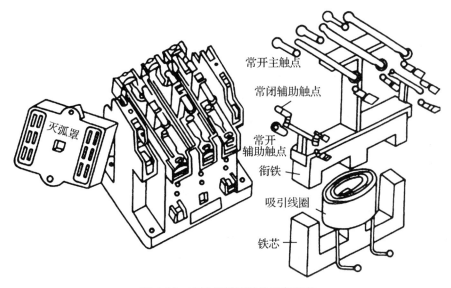

图 1-16　交流接触器的外形与结构

①**电磁系统**　交流接触器的电磁系统由动铁芯(衔铁)、静铁芯和线圈三部分组成。其作用是利用线圈的通电或断电,使衔铁和铁芯吸合或释放,从而带动触头的闭合或分断。交流接触器的铁芯一般用 E 形硅钢片叠压铆成,以减少交变磁场在铁芯中产生的涡流和磁滞损耗,避免铁芯过热。尽管如此,铁芯仍是交流接触器发热的主要部件。为了增大铁芯的散热面积,又避免线圈与铁芯直接接触而受热烧毁,交流接触器的线圈一般做成粗而短的圆筒状,并且绕在绝缘骨架上,使铁芯与线圈之间有一定的间隙。交流接触器的铁芯上装有一个短路环,又称减振环。短路环的作用是为了减少接触器在吸合时产生的振动和噪音。如图 1-17所示。当线圈通电时,在铁芯中产生的是交变磁通,它对衔铁的吸力是按正弦规律变化的。当磁通经过零值时,衔铁在弹簧的作用下有释放趋势,使得衔铁不能被铁芯牢牢的吸住,产生振动,发出噪音。安装短路环以后,当线圈通以交流电时,线圈电流 I_1 产生磁通 Φ_1,Φ_1 的一部分穿过短路环,在环中产生感生电流 I_2,I_2 又会产生一个磁通 Φ_2,由电磁感应定律知,Φ_1 和 Φ_2 的相位不同,即 Φ_1 和 Φ_2 不同时为零,则由 Φ_1 和 Φ_2 产生的吸力 F_1 和 F_2 不同时为零。这就保证了铁芯与衔铁在任何时刻都有吸力,衔铁将始终被吸住,振动和噪音减小。

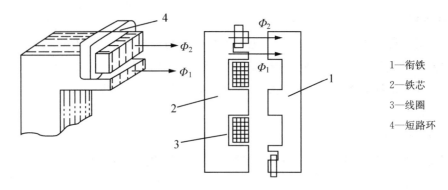

1—衔铁
2—铁芯
3—线圈
4—短路环

图 1-17　交流电磁铁的短路环

②触头系统　交流接触器的触头按功能分为主触头和辅助触头两类。主触头用于通断电流较大的主电路,一般由三对常开触头组成;辅助触头用于通断小电流的控制电路,一般由两对常开触头和两对常闭触头组成。所谓触头的常开和常闭,是指电磁系统未通电动作时触头的状态。常开触头和常闭触头是联动的。当线圈通电时,常闭触头先断开,常开触头后闭合;当线圈断电时,常开触头先断开,常闭触头后闭合。触头通常是用紫铜片冲压而成的,由于铜的表面容易氧化生成不良导体氧化铜,故一般都在触头的接触点部分镶有银或银基合金制成的触头块。

接触器的触头按结构形式分为桥式触头和指形触头两类,其形状分别如图 1-18 所示。桥式触头又分为点接触桥式触头和面接触桥式触头两种。图 1-18(a)为两个点接触桥式触头,适用于小电流场合。图 1-18(b)为两个面接触桥式触头,适用于大电流场合。图 1-18(c)为线接触指形触头,其接触区域为一条线,在触点闭合时产生滚动接触,适用于动作频繁、电流大的场合。

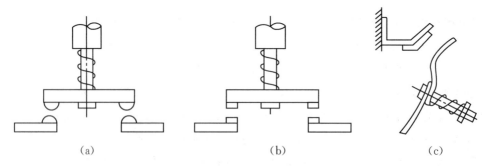

(a)　　　　　　　　　(b)　　　　　　　　　(c)

图 1-18　触头的结构形式

(a)点接触桥式触头　(b)面接触桥式触头　(c)线接触指形触头

③灭弧系统　交流接触器在断开大电流或高电压电路时,在动、静触头之间会产生很强的电弧。电弧的产生,一方面会灼伤触头,减少触头使用寿命;另一方面会使电路切断的时间延长,甚至造成弧光短路后引起火灾事故。因此必须采取措施,使电弧迅速熄灭。

常用的灭弧方法有以下几种:双断口灭弧、纵缝灭弧、栅片灭弧。

a. 双断口灭弧　双断口灭弧如图 1-19 所示,这种方法是将整个电弧分成两段,利用触头本身的电动力将电弧拉长,使电弧热量在拉长的过程中散发而冷却熄灭。

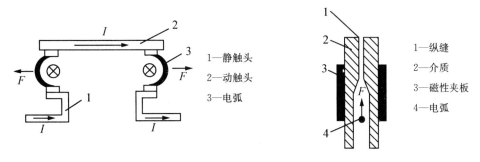

图 1-19　双断口灭弧示意图　　　　　　　图 1-20　纵缝灭弧示意图

b. **纵缝灭弧**　纵缝灭弧装置如图 1-20 所示,灭弧罩内只有一个纵缝,缝的下部较宽些,以放置触头;缝的上部较窄些,以便电弧压缩,并和灭弧室壁有很好的接触。当触头分断时,电弧被外界磁场或电动力横吹而进入缝内,使电弧热量传递给室壁而迅速冷却熄灭。

c. **栅片灭弧**　栅片灭弧装置如图 1-21 所示,主要有灭弧栅和灭弧罩组成。灭弧栅用镀铜的薄铁片制成,各栅片之间互相绝缘。灭护罩用陶土或石棉水泥制成。当触点分断电路时,在动触点与静触点间产生电弧,电弧产生磁场。由于薄铁片的磁阻比空气小得多,因此,电弧上部的磁通容易通过灭弧栅形成闭合磁路,使得电弧上部的磁通很稀疏,而下部的磁通则很密。这种上疏下密的磁场分布对电弧产生向上运动的力,将电弧拉到灭弧栅片当中。栅片将电弧分割成若干短弧,一方面使栅片间的电弧电压低于燃弧电压,另一方面,栅片将电弧的热量散发,使电弧迅速熄灭。

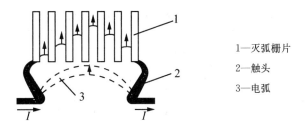

1—灭弧栅片
2—触头
3—电弧

图 1-21　栅片灭弧示意图

④**辅助部件**　交流接触器除了上述三个主要部分以外,还包括反作用弹簧、复位弹簧、缓冲弹簧、触头压力弹簧、传动机构、接线柱等。

2) 交流接触器的工作原理

当电磁线圈接通电源时,线圈中流过的电流产生磁场,使静铁芯产生足够的吸力克服弹簧的反作用力,将动铁芯吸合,带动动铁芯上的触头动作,即常闭触头断开,常开触头闭合。当电磁线圈断电后,静铁芯吸力消失,动铁芯在反力弹簧的作用下复位,各触头也随之恢复常态。

3) 交流接触器型号含义及交流接触器在电路中的符号

①常用的交流接触器有 CJ0、CJ10、CJ12、CJ20 等系列产品,其型号含义如图 1-22 所示。

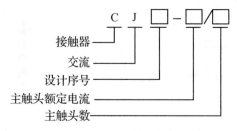

图 1-22　交流接触器型号含义

②接触器在电路中的符号如图 1-23 所示。

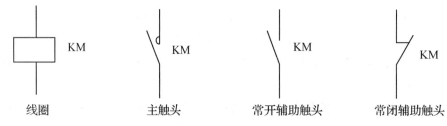

图 1-23　接触器的图形符号和文字符号

4) 交流接触器的主要技术参数

常用交流接触器的主要技术参数见表 1-3。

表 1-3　CJ0 和 CJ10 系列交流接触器主要技术参数

型号	主触头			辅助触头			线圈		可控制三相异步电动机的最大功率/kW		额定操作频率/次/h
	对数	额定电流/A	额定电压/V	对数	额定电流/A	额定电压/V	电压/V	功率/VA	220 V	380 V	
CJ0-10	3	10	380	均为常开常闭	2 2 5	380	可为 36 110 (127) 220 380	14	2.5	4	≤1200
CJ0-20	3	20						33	5.5	10	
CJ0-40	3	40						33	11	20	
CJ0-75	3	75						55	22	40	
CJ10-10	3	10						11	2.2	4	≤600
CJ10-20	3	20						22	5.5	10	
CJ10-40	3	40						32	11	20	
CJ10-60	3	60						70	17	30	

（2）直流接触器

1）直流接触器的结构

直流接触器主要用以控制直流设备，它的结构与工作原理与交流接触器基本相同，主要由电磁系统、触头系统、灭弧系统等三个部分组成。

①**电磁系统**　直流接触器的电磁系统由动铁芯（衔铁）、静铁芯和线圈三部分组成。其作用是利用线圈的通电或断电，使衔铁和铁芯吸合或释放，从而带动触头的闭合或分断。直流接触器的铁芯与交流接触器的铁芯不同，因为线圈中通的是直流电，铁芯中不会产生的涡流，故铁芯一般用整块铸铁或铸钢制成。铁芯没有涡流，故不易发热。而线圈匝数较多，电阻较大，铜损大，所以线圈是直流接触器发热的主要部件。为了增大线圈的散热面积，直流接触器的线圈一般做成薄而长的圆筒状。为了保证铁芯的可靠释放，常在磁路中夹有非磁性垫片，以减小剩磁的影响。

②**触头系统**　直流接触器的触头分为主触头和辅助触头两类。主触头一般做成单极或双极，由于通断电流较大，故采用滚动接触的指形触头；辅助触头通断电流较小，常采用点接触的桥式触头。

③**灭弧系统**　直流接触器的主触头在断开直流大电流时，也会产生强烈的电弧。由于直流电弧的特殊性，通常采用磁吹式灭弧。灭弧装置的结构如图1-24所示。磁吹式灭弧装置由磁吹线圈、灭弧罩、引弧角等组成。磁吹线圈1由扁铜条弯成，中间装有铁芯2，中间隔有绝缘套筒，铁芯两端装有两片导磁夹板3，夹持在灭弧罩的两边，放在灭弧罩内的触头就处在导磁夹板之间。灭弧罩由石棉水泥或陶土制成，它把动触头和静触头罩住。磁吹线圈与主触头串联，流过主触头的电流就是流过磁吹线圈的电流，电流I的方向如图中箭头所示。当触头分断电路时，在动触头与静触头间产生电弧，电弧电流在电弧四周形成一个磁场，磁场方向可用右手螺旋定则确定，如图中7所示，在电弧下方是进入纸面，在电弧上方是引出纸面；在电弧周围还有一个磁吹线圈电流I所产生的一个磁场，在铁芯中产生的磁通，从一块夹板穿过空隙进入另一块夹板，形成闭合回路，磁场方向可用右手螺旋定则确定，如图中6所示，其方向是进入纸面。这样在电弧上方电弧电流与磁吹线圈电流所产生的两个磁通方向相反而相互消弱，在电弧下方两个磁通方向相同而相互增强。因此，电弧上部的磁通很稀疏，而下部的磁通则很密。这种上疏下密的磁场分布对电弧产生向上运动的力，迫使电弧向上运动。引弧角4和静触头相连，它的作用是引导电弧向上运动。电弧自上而下的运动，迅速拉长和空气发生相对运动，使电弧温度降低而迅速熄灭；同时电弧被吹进灭弧罩上部时，电弧的热量被传给了灭弧罩，降低了电弧的温度而促使熄灭。另外，电弧向上运动时，在静触头上的弧根灭弧角逐渐转移到灭弧角4上，灭弧角的上移使电弧拉长，也有助于灭弧。由此可见，磁吹式灭弧装置的灭弧是靠磁吹力的作用使电弧拉长，在空气中很快冷却，从而使电弧迅速熄灭的。

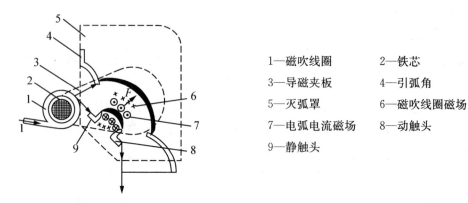

1—磁吹线圈   2—铁芯
3—导磁夹板   4—引弧角
5—灭弧罩   6—磁吹线圈磁场
7—电弧电流磁场   8—动触头
9—静触头

图 1-24   磁吹灭弧原理

2）直流接触器型号含义

常用的直流接触器有 CZ0、CZ16、CZ17、CZ18 等系列产品，其型号含义如图 1-25 所示。

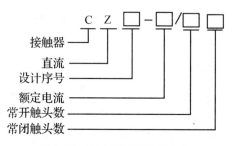

图 1-25   直流接触器型号含义

（3）接触器的选择

应根据控制线路的技术要求正确的选用接触器。

1）根据电路中负载电流的种类选择接触器的类型。一般直流电路用直流接触器控制，当直流电动机和直流负载容量较小时，也可用交流接触器控制，但触头的额定电流应适当选择大些。

2）接触器的额定电压应大于或等于负载回路的额定电压。

3）吸引线圈的额定电压应与所接控制电路的额定电压等级一致。

4）额定电流应大于或等于被控主回路的额定电流。根据负载额定电流，接触器安装条件及电流流经触头的持续情况来选定接触器的额定电流。

6　热继电器

热继电器是利用电流的热效应而动作的继电器，主要用于电动机的过载保护、断相保护。常用的热继电器有 JR0、JR1、JR2、JR16 等系列。

（1）热继电器的外形、结构及符号

热继电器的结构如图 1-26 所示，主要由热元件、触头系统、温度补偿元件、复位按钮、电流整定装置及动作机构等部分组成。

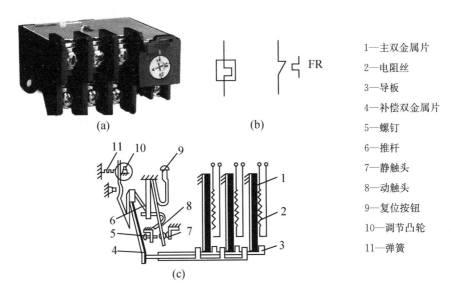

1—主双金属片

2—电阻丝

3—导板

4—补偿双金属片

5—螺钉

6—推杆

7—静触头

8—动触头

9—复位按钮

10—调节凸轮

11—弹簧

图 1-26 JR16 热继电器

（a）外形 （b）符号 （c）结构原理图

热元件 热元件是热继电器的主要部分，它是由主双金属片及围绕在双金属片外面的电阻丝组成。主双金属片是由两种热膨胀系数不同的金属片复合而成，如铁镍合金和铁镍铬合金。电阻丝一般用康铜或镍铬合金等材料制成。使用时，将电阻丝直接串接在异步电动机的电路上。热元件有两相结构和三相结构两种。

动作机构和触头系统 动作机构利用杠杆传递及弹簧跳跃式机构完成触头动作的。触头为单断点弹簧跳跃式动作，一般为一对常开触头和一对常闭触头。

电流整定装置 通过旋钮和电流调节凸轮调节推杆间隙，改变推杆移动距离，从而调节整定电流值。

温度补偿元件 温度补偿元件也是双金属片，其材料及弯曲方向与主双金属片相同，它能保证热继电器的动作特性在 $-30℃ \sim +40℃$ 的环境温度范围内基本上不受周围介质温度的影响。

复位机构 复位机构有手动和自动复位机构两种形式，可根据使用要求自行调整选择。

（2）工作原理 使用时，将热继电器的三相热元件分别串接在异步电动机的三相主电路中，常闭触头串接在控制电路的接触器线圈回路中。当电动机过载时，流过电阻丝的电流超过热继电器的整定电流值，使电阻丝发热过量，主双金属片受热向左弯曲，推动导板 3 向左移动，通过温度补偿双金属片 4 推动推杆 6 绕轴转动，从而推动触头系统动作，动触头 8 与静触头 7 分开，使接触器线圈断电，触头断开，从而切断电动机控制回路，实现过载保护。当电源切除后，主双金属片逐渐冷却恢复原位，于是动触头在失去作用力的情况下，靠自身弹簧自动复位与静触头闭合。

（3）热继电器的选用

1）根据电动机的额定电流选择热继电器的规格。一般应使热继电器的额定电流略大于电动机的额定电流。

2）根据电动机的绕组的连接方式选择热继电器的结构形式。当电动机的定子绕组采用 Y 接法时,选用普通三相结构的热继电器;当电动机的定子绕组采用△形接法时,必须采用三相结构带断相保护装置的热继电器。

热继电器的型号含义如图 1-27 所示。

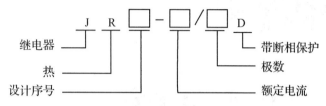

图 1-27 热继电器的型号含义

1.1.2 电气控制线路

1 点动正转控制线路

点动正转控制线路是用按钮、接触器来控制电动机运转的最简单的正转控制线路,如图 1-28所示。

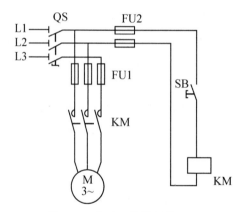

图 1-28 点动正转控制原理图

点动控制,是指按下按钮,电动机启动运转;松开按钮,电动机就失电停转。这种控制方法常用于电动葫芦等设备。

点动正转控制线路中,组合开关 QS 作电源隔离开关;熔断器 FU1、FU2 分别作主电路、控制电路的短路保护;启动按钮 SB 控制接触器 KM 线圈的得、失电;接触器 KM 的主触头控制电动机 M 的启动与停止。

点动正转控制线路的工作原理如下:

先合上电源开关 QS。

启动:按下 SB→KM 线圈得电→KM 的主触头闭合→电动机 M 启动运转。

停止:松开 SB→KM 线圈失电→KM 的主触头断开→电动机 M 失电停转。

停止使用时,断开电源开关 QS。

2 具有过载保护的接触器自锁正转控制线路

在要求电动机启动后能连续运行时,采用上述点动控制线路就不行了。因为要使电动机 M 连续运行,启动按钮 SB 就不能断开,这是不符合生产实际要求的。为实现电动机的连续运行,可采用图 1-29 所示的接触器自锁正转控制线路。从图中可以看出,这是一个具有过载保护功能的接触器自锁正转控制线路。

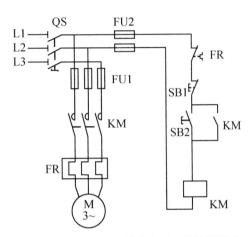

图 1-29 具有过载保护的自锁正转控制线路

线路的工作原理如下:先合上电源开关 QS。

启动:

按下 SB2 → KM 线圈得电 —→ KM 的主触头闭合 —→ KM 的自锁触头闭合 → 电动机 M 启动连接运转。

当松开 SB2 常开触头恢复分断后,因为接触器 KM 的常开辅助触头闭合时已将 SB2 短接,控制电路仍保持接通,所以接触器 KM 继续得电。电动机 M 实现连续运转。像这种当松开启动按钮 SB2 后,接触器 KM 通过自身常开触头而使线圈保持得电的作用叫做自锁(自保)。与启动按钮 SB2 并联起自锁作用的常开触头叫自锁触头(也称自保触头)。

停止:

按下 SB1 → KM 线圈失电 —→ KM 的主触头分断 —→ KM 的自锁触头分断 → 电动机 M 失电停转。

当松开 SB1 其常闭触头恢复闭合后,因接触器 KM 的自锁触头在切断控制电路时已分断,解除了自锁,SB2 也是分断的,所以接触器 KM 不能得电,电动机 M 也不会转动。

线路具有以下保护功能:

短路保护:由熔断器 FU 实现。短路时,FU 的熔体熔断,切断电路,起保护作用。

失压、欠压保护:由接触器 KM 实现。当电源电压由于某种原因突然降低或断开时,KM 释放,电动机 M 失电停转。当重新供电时,因为接触器自锁触头和主触头在电源断电时已经断开,使控制电路和主电路都不能接通,电动机不能自行启动,保证了人身和设备的安全。

过载保护:由热继电器 FR 实现。如果当电动机在运行中,由于过载或其他原因使电流超过额定值,那么经过一段时间,串联在主电路中的热继电器的热元件因受热发生弯曲,通过动作机构使串联在控制电路中的常闭触头分断,切断控制电路,接触器 KM 的线圈失电,主触头断开,电动机 M 失电停转,从而起到过载保护的目的。

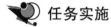 任务实施

一、实施步骤

1. 根据图 1-29 列出所需的元件并填入明细表。

表 1-4　元件明细表

序号	代号	名称	型号	规格	数量
1	M	三相异步电机	Y112M-4	4 kW、380 V、△接法、8.8 A、1 440 r/min	1
2	QS	组合开关	HZ10-25/3	三极、25 A	1
3	FU1	熔断器	RL1-60/25	500 V、60 A、配熔体 25 A	3
4	FU2	熔断器	RL1-15/2	500 V、15 A、配熔体 2 A	2
5	KM	接触器	CJ10-10	10 A、线圈电压 380 V	1
6	FR	热继电器	JR16-20/3	三极、20 A、整定电流 8.8 A	1
7	SB1-SB3	按钮	LA10-3H	保护式、380 V、5 A、按钮数 3 位	1
8	XT	接线端子排	JX2-1015	380 V、10 A、15 节	1

2. 按明细表清点各元件的规格和数量,并检查各个元件是否完好无损,各项技术指标符合规定要求。

3. 根据原理图,设计并画出电器布置图,作为电器安装的依据。如图 1-30 所示。

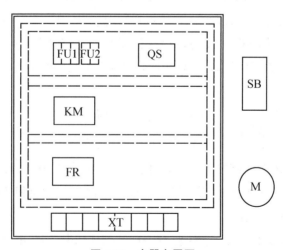

图 1-30　电器布置图

4. 按照电器布置图安装固定元件。

5. 根据原理图,设计并画出安装图,作为接线安装的依据。如图 1-31 所示。

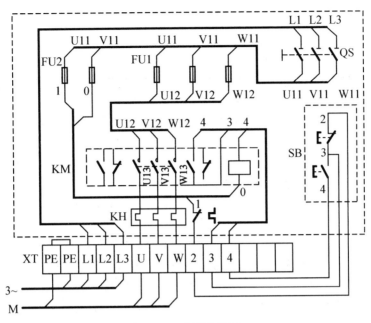

图 1-31　电器安装图

6. 按图施工,安装接线。

7. 接线完毕,根据图检查布线的正确性,并进行主电路和控制电路的自检。

8. 经检验合格后,通电试车。通电时,必须经指导教师同意,并在现场监护下进行。

9. 通电试车完毕后,切断线路,拆除线路。

二、安装工艺要求

1. 元件安装工艺:安装牢固、排列整齐。

2. 布线工艺:走线集中、减少架空和交叉,做到横平、竖直、转弯成直角。

3. 接线工艺:

    A. 每个接头最多只能接两根线

    B. 平压式接线柱要求作线耳连接,方向为顺时针

    C. 线头露铜部分<2 mm

    D. 电机和按钮等金属外壳必须可靠接地

4. 安全文明生产。

三、验收评价表

表 1-5　XXXX 课题验收评分表

工件编号：_____　班级：_____　姓名：_____

序号	主要内容	考核要求	评分标准	配分	扣分	得分
1	元件安装	1. 按图纸的要求，正确使用工具和仪表，熟练安装电气元器件 2. 元件在配电板上布置要合理，安装要准确、紧固	1. 元件布置不整齐、不匀称、不合理，每处扣 2 分 2. 元件安装不牢固、漏装螺钉，每处扣 2 分 3. 损坏元件或设备，每次扣 10 分	20		
2	布　线	1. 布线要求横平竖直，接线紧固美观 2. 电源和电动机配要接到端子排上，并注明引出端子标号 3. 不能随意敷设导线	1. 选用导线不合理，每处扣 5 分 2. 不按原理图配线，每处扣 5 分 3. 布线不横平竖直，每处扣 5 分 4. 接点松动、裸铜过长、反圈、毛刺、压绝缘层，每处扣 5 分 5. 损伤导线绝缘或芯线，每根扣 5 分 6. 导线乱敷设扣 30 分	40		
3	通电调试	配线正确，通电试验正常	1. 热继电器整定值错误，每处扣 5 分 2. 主、控电路配错熔体，每处扣 5 分 3. 通电运行不正常，扣 30 分	30		
4	安全与文明生产	遵守国家相关专业安全文明生产规程	违反安全文明生产规程，扣 5～10 分	10		
备注			合计	100		
		考评员签字		年　　月　　日		

拓展知识

电动机点动、连续混合控制线路

1. 电路图

点动、连续混合控制线路如图 1-32 所示。

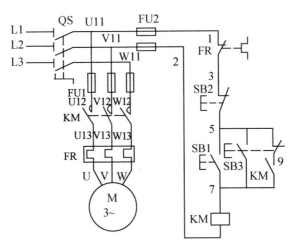

图 1-32　点动、连续混合控制线路

2. 工作原理：

先合上电源开关 QS。

（1）连续控制

（2）点动控制

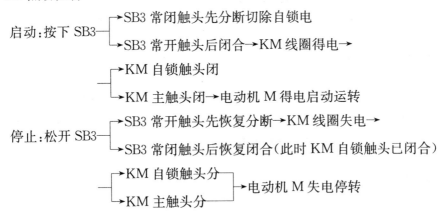

启动：按下 SB3 ─→ SB3 常闭触头先分断切除自锁电
　　　　　　　　└→ SB3 常开触头后闭合 ─→ KM 线圈得电 ─→

　　　　　┌→ KM 自锁触头闭
　　　　　└→ KM 主触头闭 ─→ 电动机 M 得电启动运转

停止：松开 SB3 ─→ SB3 常开触头先恢复分断 ─→ KM 线圈失电 ─→
　　　　　　　　└→ SB3 常闭触头后恢复闭合（此时 KM 自锁触头已闭合）

　　　　　┌→ KM 自锁触头分
　　　　　└→ KM 主触头分 ─→ 电动机 M 失电停转

🔧 练习与思考题

1. 电路中 FU、KM、KA、FR 和 SB 分别是什么电气元件的文字符号？

2. 龙型异步电动机是如何改变旋转方向的？

3. 低压电器的电磁机构由哪几部分组成？

4. 熔断器有哪几种类型？试写出各种熔断器的型号。它在电路中的作用是什么？

5. 熔断器有哪些主要参数？熔断器的额定电流与熔体的额定电流是不是一回事？

6. 熔断器与热继电器用于保护交流三相异步电动机时,能不能互相取代?为什么?

7. 交流接触器主要由哪几部分组成?并简述其工作原理。

8. 试说明热继电器的工作原理和优缺点。

9. 试设计一个控制一台电动机的电路,要求:①可正反转;②正反向点动,两处启停控制;③具有断路和过载保护。

任务1.2　电动机顺序控制线路的安装与检测

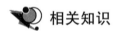 学习目标

1. 知识目标

(1) 电气控制系统图的基本知识;

(2) 电气控制中的各种保护;

(3) 电动机的顺序启动控制线路的分析与实现;

(4) 电动机的顺序启动控制线路的故障诊断与维修。

2. 能力目标

(1) 会电气控制系统图的识读与绘制;

(2) 会正确判断电器元件的好坏;

(3) 会根据电气原理图、接线图正确接线;

(4) 会正确分析电动机的顺序启动控制线路的原理、故障诊断与故障排除。

任务描述

以典型的电动机的顺序启动控制线路的原理分析、安装与维修工作任务为载体,通过实施电气控制线路的分析、设计、装接的具体工作任务,引导讲授与具体工作相关的电器元件,控制电路的设计分析、接线,加强学生理解能力和检修能力。

相关知识

1.2.1　电气控制器件

低压断路器

1　低压断路器的结构及工作原理

低压断路器又称自动空气开关或自动空气断路器。它集控制和多种保护功能于一体,可用于分断和接通负荷电路,控制电动机的启动和停止;同时具有短路、过载、欠电压保护等功能,能自动切断故障电路,保护用电设备的安全。按其结构不同,分为框架式 DW 系列(又

称万能式)和塑壳式 DZ 系列(又称装置式)两大类。常用的 DZ5-20 型自动空气断路器为塑壳式。DZ5-20 型属于小电流系列,额定电流为 20 A。大电流系列的是 DZ10 型,其额定电流为 100—600 A。自动空气断路器的外形如图 1-33 所示。

图 1-33　自动空气断路器外形

DZ5-20 型自动空气断路器的结构主要由触头系统、灭弧装置、操作机构和保护装置(各种脱扣器)等部分组成。其工作原理图如图 1-34 所示。

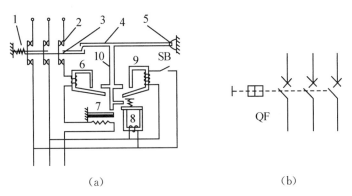

（a）　　　　　　　　　　　　（b）

图 1-34　断路器工作原理图

（a）原理图　（b）断路器的符号

1—分闸弹簧　2—主触头　3—传动杆　4—锁扣　5—轴　6—过电流脱扣器
7—热脱扣器　8—欠压失压脱扣器　9—分励脱扣器　10—杠杆

使用时低压断路器的三个主触头串接于被保护的三相主电路中,经操作机构将其闭合,此时自由脱扣器机构将主触点钩住,使主触头保持闭合,开关处于接通状态。

当线路发生短路故障时,短路电流超过电磁脱扣器的动作电流值,电磁脱扣器 6 的衔铁吸合,顶撞杠杆 10 向上将锁扣 4 顶开,在分闸弹簧 1 的作用下使主触头 2 断开。线路正常时,欠压脱扣器 8 的衔铁吸合;当主电路出现欠电压、失压时,欠压脱扣器 8 的衔铁释放,衔铁在拉力弹簧的作用下撞击杠杆 10,将锁扣 4 顶开,使主触头 2 断开。当线路发生过载时,过载电流流过热脱扣器 7 的热元件产生一定的热量,使双金属片受热向上弯曲,通过杠杆 10 将锁扣 4 顶开,,使主触头 2 断开。分励脱扣器用作远距离分断电路,按下按钮 SB 分励脱扣器线圈得电,衔铁吸合顶动杠杆 10 上移将锁扣 4 顶开,使主触头 2 断开。

2　低压断路器的选用

（1）低压断路器额定电压等于或大于线路额定电压。

（2）低压断路器额定电流等于或大于线路计算负荷电流。

（3）电磁脱扣器瞬时脱扣整定电流应大于线路正常工作时的峰值电流。用于控制电动机的断路器，其瞬时脱扣整定电流可按下式选取：$I_z \geqslant K I_{st}$，式中，K 为安全系数，可取 1.5～1.7；I_{st} 为电动机的启动电流。

（4）断路器欠压脱扣器额定电压等于线路额定电压。

（5）断路器分励脱扣器额定电压等于控制电源电压。

（6）热脱扣器的整定电流等于所控制负载的额定电流。DZ5-20 型低压断路器的技术参数见表 1-6。

表 1-6　DZ5-20 型低压断路器的技术参数

型号	额定电压/V	主触头额定电流/A	极数	脱扣器形式	热脱扣器额定电流（括号内为整定电流调节范围）/A	电磁脱扣器瞬时动作整定值/A
DZ5-20/330 DZ5-20/230	交流 380 直流 220	20	3 2	复式	0.15(0.10—0.15) 0.20(0.15—0.20) 0.30(0.20—0.30) 0.45(0.30—0.45) 0.65(0.45—0.65)	电磁脱扣器额定电流的8—12倍（出厂时整定于10倍）
DZ5-20/320 DZ5-20/220			3 2	电磁式	1(0.65—1) 1.5(1—1.5) 2(1.5—2) 3(2—3)	
DZ5-20/310 DZ5-20/230			3 2	热脱扣器式	4.5(3—4.5) 6.5(4.5—6.5) 10(6.5—10) 15(10—15) 20(15—20)	
DZ5-20/330 DZ5-20/330				无脱扣器式		

3　低压断路器的型号含义

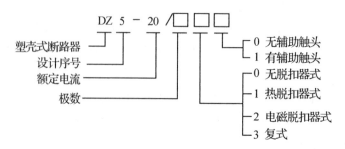

图 1-35　低压断路器的型号含义

1.2.2 电气控制电路

在装有多台电动机的生产机械上,各电动机所起的作用是不同的,有时需按一定的顺序启动或停止,才能保证操作过程的合理和工作的安全可靠。例如:X62W型万能铣床上要求主轴电动机启动后,进给电动机才能启动;M7120型平面磨床的冷却泵电动机,要求当砂轮电动机启动后才能启动。像这种要求几台电动机的启动或停止必须按一定的先后顺序来完成的控制方式,叫做电动机的顺序控制。

1 主电路实现三相异步电动机的顺序控制

主电路实现顺序控制的电路如图1-36所示。

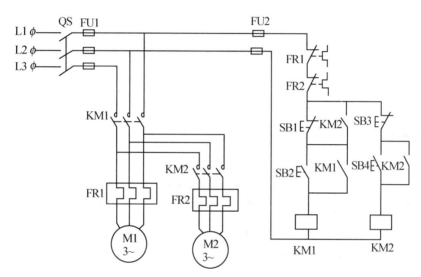

图1-36 主电路实现顺序控制

如图1-36所示控制线路的特点是:电动机M2的控制接触器KM2的主触头接线从电动机M1控制接触器KM1的主触头出线侧引出。显然,只要M1不启动,即使按下SB3,由于KM1的触点未闭合,M2也不能得电,从而保证了M1启动之后,M2才可能启动的控制要求。线路中停止按钮SB1控制两台电动机同时停止,SB3控制M2的单独停止。该电路可实现两台电动机顺序启动、单独停止和同时停止的功能。

2 控制电路实现三相异步电动机的顺序控制

控制电路实现顺序控制的电路如图1-37所示。

如图1-37所示控制线路的特点是:在电动机M2的控制电路中串接了KM1的一个常开辅助触点,在停止按钮SB1的两端并接了接触器KM2的常开辅助触头。显然,在电动机M2的控制电路中串接了KM1的一个常开辅助触点,只要M1不启动,即使按下SB3,由于KM1的常开辅助触点未闭合,KM2线圈也不能得电,从而保证了M1启动之后,M2才可能启动的控制要求。在停止按钮SB1的两端并接了接触器KM2的常开辅助触头,从而实现了M2停止后,M1才能停止的控制要求。所以该电路可实现两台电动机顺序启动、逆序停止的功能。

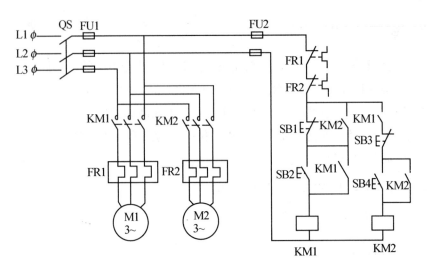

图 1-37　控制电路实现顺序控制的电路图

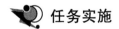任务实施

一、实施步骤

1. 根据图 1-37 列出所需的元件并填入明细表。

表 1-7　元件明细表

序号	代号	名称	型号	规格	数量
1	M	三相异步电机	Y112M-4	4 kW、380 V、△接法、8.8 A、1 440 r/min	2
2	QS	组合开关	HZ10-25/3	三极、25 A	1
3	FU1	熔断器	RL1-60/25	500 V、60 A、配熔体 25 A	3
4	FU2	熔断器	RL1-15/2	500 V、15 A、配熔体 2 A	2
5	KM1、KM2	接触器	CJ10-10	10 A、线圈电压 380 V	2
6	FR	热继电器	JR16-20/3	三极、20 A、整定电流 8.8 A	1
7	SB1-SB3	按钮	LA10-3H	保护式、380 V、5 A、按钮数 3 位	1
8	XT	接线端子排	JX2-1015	380 V、10 A、15 节	1

2. 按明细表清点各元件的规格和数量,并检查各个元件是否完好无损,各项技术指标符合规定要求。

3. 根据原理图,设计并画出电器布置图,作为电器安装的依据。如图 1-38 所示。

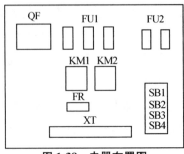

图 1-38　电器布置图

4. 按照电器布置图安装固定元件。

5. 根据原理图,设计并画出安装接线图,作为接线安装的依据。

6. 按图施工,安装接线。

7. 接线完毕,根据图检查布线的正确性,并进行主电路和控制电路的自检。

8. 经检验合格后,通电试车。通电时,必须经指导教师同意,并在现场监护下进行。

9. 通电试车完毕后,切断线路,拆除线路。

二、安装工艺要求

1. 元件安装工艺:安装牢固、排列整齐。

2. 布线工艺:走线集中、减少架空和交叉,做到横平、竖直、转弯成直角。

3. 接线工艺:

    A. 每个接头最多只能接两根线

    B. 平压式接线柱要求作线耳连接,方向为顺时针

    C. 线头露铜部分<2 mm

    D. 电机和按钮等金属外壳必须可靠接地

4. 安全文明生产。

三、验收评价表

表1-8 XXXX课题验收评分表

工件编号:_____ 班级:_____ 姓名:_____

序号	主要内容	考核要求	评分标准	配分	扣分	得分
1	元件安装	1. 按图纸的要求,正确使用工具和仪表,熟练安装电气元器件 2. 元件在配电板上布置要合理,安装要准确、紧固	1. 元件布置不整齐、不匀称、不合理,每处扣2分 2. 元件安装不牢固、漏装螺钉,每处扣2分 3. 损坏元件或设备,每次扣10分	20		
2	布 线	1. 布线要求横平竖直,接线紧固美观 2. 电源和电动机配要接到端子排上,并注明引出端子标号 3. 不能随意敷设导线	1. 选用导线不合理,每处扣5分 2. 不按原理图配线,每处扣5分 3. 布线不横平竖直,每处扣5分 4. 接点松动、裸铜过长、反圈、毛刺、压绝缘层,每处扣5分 5. 损伤导线绝缘或芯线,每根扣5分 6. 导线乱敷设扣30分	40		
3	通电调试	配线正确,通电试验正常	1. 热继电器整定值错误,每处扣5分 2. 主、控电路配错熔体,每处扣5分 3. 通电运行不正常,扣30分	30		

续表

序号	主要内容	考核要求	评分标准	配分	扣分	得分
4	安全与文明生产	遵守国家相关专业安全文明生产规程	违反安全文明生产规程，扣5～10分	10		
备注			合计	100		
			考评员签字	年　　月　　日		

练习与思考题

1. 简述空气阻尼式时间继电器的结构。

2. 晶体管时间继电器适用于什么场合？

3. 什么是顺序控制？常见的顺序控制有哪些？各举一例说明。

4. 某控制线路可以实现以下控制要求：

（1）电动机 M1、M2 可以分别启动和停止。

（2）电动机 M1、M2 可以同时启动、同时停止。

（3）当一台电动机发生过载时，两台电动机同时停止。试设计该控制线路，并分析工作原理。

5. 试设计一个小车运行电路，要求：

（1）小车由原位开始前进，到终点后自动停止。

（2）小车在终点停留 2min 后自动返回到原位停止。

（3）要求能在前进或后退中任一位置均可停止或启动。

任务 1.3　电气原理图的识读

学习目标

1. 知识目标

（1）认识电气元件在控制系统图的图形和文字符号；

（2）电气控制系统图的组成与布局；

（3）识读简单的电气线路图；

（4）识读典型机床电气原理图。

2. 能力目标

（1）会电气控制系统图的识读与绘制；

（2）会根据电气原理图、接线图正确接线；

（3）会根据电气原理图正确分析原理、故障诊断与故障排除。

任务描述

以 CA6140 车床控制线路的原理分析与故障维修工作任务为载体,通过实施电气控制线路的分析与故障维修的具体工作任务,引导讲授与具体工作相关联的机床电气原理图的识读和电气控制系统的安装。

 相关知识

1.3.1　电气控制系统图的绘制与识读

电气控制系统图包括电气原理图、电器元件布置图、电气安装接线图等。

1　电气原理图

电气原理图是用来表示电路各电器元件的作用、连接关系和工作原理,而不考虑电路元器件的实际位置的一种简图。电气原理图能充分表达电气设备和电器的用途、作用和工作原理,是电气线路安装、调试和维修的理论依据。下面以 CA6140 车床控制线路为例介绍电气原理图的识读、绘制原则。

绘制电气控制线路图时应遵循以下原则:

(1)电气原理图可分为电源电路、主电路和辅助电路三部分绘制。

电源电路画成水平线,三相交流电源相序 L1、L2、L3 从上到下依次画出,中性线(N 线)和保护地线(PE 线)依次画在相线之下。直流电源用水平线画出,正极在上,负极在下。

主电路是从电源到电动机电路,是强电流通过的电路。它是由刀开关、熔断器、接触器主触头、热继电器和电动机等组成。绘制电路图时用粗实线绘制在原理图的左侧或上方。

辅助电路包括控制电路、照明电路、信号电路及保护电路等,是小电流通过的电路。它是由按钮、继电器触点、接触器线圈、指示灯和照明灯等组成。绘制电路图时,辅助电路用细实线绘制在原理图的右侧或下方,并跨接在两条水平电源线之间,耗能元件要画在电路图的下方,而电器的触头要画在耗能元件与上边电源线之间。

(2)电气原理图中电器元件均不画元件外形图,而是采用最新国家标准的电器图形符号画出。

(3)电气原理图中同一电器的各元件可不按它们的实际位置画在一起,而是按其在电路中所起的作用分画在不同的电路中,但它们的动作是相互关联的,必须标以相同的文字符号。如果图中相同的电器较多时,需要在电器文字符号的后面加注不同的数字,以示区别,如 KM1,KM2 等。

(4)电气原理图中各电器元件触头状态均按没有外力或未通电时触头的原始状态画出。当触头的图形符号垂直放置时,以"左开右闭"原则绘制;当触头的图形符号水平放置时,以"上闭下开"的原则绘制。

(5)电气原理图中对有直接电联系的交叉导线连接点,用小黑点表示;对没有直接电联系的交叉导线连接点则不画小黑点。当两条连接线 T 形相交时,画不画小黑点均表示有直接电联系。

（6）在原理图的上方将图分成若干图区,并表明该区电路的用途与作用;在接触器、继电器线圈下方列有触点表,以表明线圈和触点的从属关系。如图 1-39 中（7 区）KM 的触头。

接触器各栏表示的含义如下：

左栏	中栏	右栏
主触点所在图区号	辅助常开触头所在图区号	辅助常闭触头所在图区号

继电器各栏表示的含义如下：

左栏	右栏
常开触点所在图区号	常闭触点所在图区号

（7）电气控制原理图采用电路编号法,即对电路中的各个接点用字母或数字编号。编号时应注意以下两点。

1）主电路三相交流电源引入线采用 L1、L2、L3 标记,中性线采用 N 标记。在电源开关的出线端按照相序依次编号为 U11、V11、W11,然后按从上至下,从左到右的顺序,每经过一个电器元件后,编号要递增,U12、V12、W12、U13、V13、W13、…,单台三相交流电机（或设备）的三根出线按相序依次编号 U、V、W。对于多台电动机引出线的编号为了不引起混淆,可在字母前用不同的数字加以区别,如 1U、1V、1W、2U、2V、2W…。如图 1-39 中（2 区）（3 区）（4 区）所示。

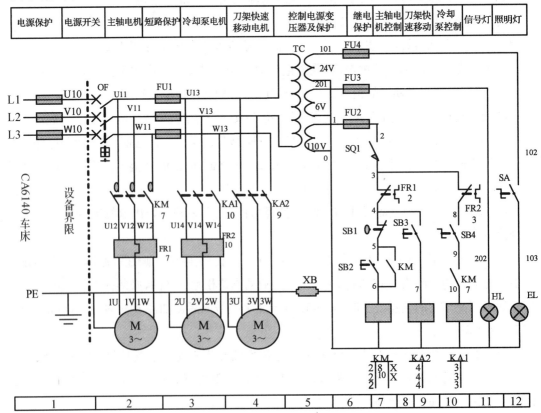

图 1-39　CA6140 卧式车床电路图

2）辅助电路的编号按"等电位"原则从上至下、从左至右的顺序用数字依次编号,每经过一个电气元件后,编号要依次递增。控制电路编号的起始数字必须是 1,其他辅助电路编号的起始数字依次递增 100,如照明电路编号从 101 开始,指示电路的编号从 201 开始等。如图 1-39 中(6 区)。

（8）电路图中技术数据的标注。电路图中一般还要标注以下内容:各个电源电路的电压值极性或频率及相数;某些元器件的特性,如电阻、电容的数值;不常用的电器操作方法和功能。

2　电器元件布置图

电器元件布置图是根据电器元件在控制板上的实际安装位置,采用简化的外形符号(如正方形、矩形、圆形等)而绘制的一种简图。

它不表达各电器的具体结构、作用、接线情况和工作原理,主要用于电器元件的布置和安装,图中各电器的文字符号必须与电路图中的标注相一致。图 1-40 为具有过载保护功能的自锁正转控制线路的电器元件布置图。

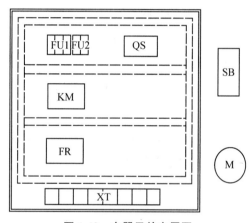

图 1-40　电器元件布置图

3　电气安装接线图

电气安装接线图是根据电气原理图及电器元件布置图绘制的,它一方面表示各电器组件(电器板、电源板、控制面板和机床电器)之间的接线情况,另一方面表示出各电气组件板上电器元件之间的接线情况。因此,它是电气设备安装、电器元件配线和电气线路检修时线路检查的依据。

电气安装接线图表示了各电器元件的相对位置和它们之间的线路连接,所以,安装接线图不仅要把同一电器的各个部件画在一起,而且,各个部件位置要尽可能的符合这个电器的实际情况,但是对比例和尺寸没有严格要求。电气安装接线图中的文字符号和数字符号应与原理图中的标号一致。图 1-41 为具有过载保护功能的自锁正转控制线路的电气安装接线图。

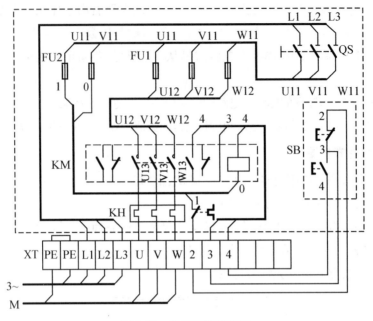

图 1-41　电气安装接线图

电气安装接线图要遵循以下原则。

（1）各电器元件均按实际安装位置绘出，元件所占图面按实际尺寸以统一比例绘制，尽可能符合电器的实际情况。

（2）一个电器元件中所有的带电部件均画在一起，并用点画线框起来。

（3）各电器元件的图形符号和文字符号必须与电气原理图一致，并符合国家标准

（4）各电器元件上凡是需要接线的部件端子都应绘出，并予以编号，各接线端子的编号必须与电气原理图中导线编号一致。

（5）电气安装接线图一律采用细实线。成束的接线可用一条实线表示。接线少时，可直接画出电器元件之间的接线方式；接线很多时，接线方式用符号标注在电器元件的接线端，表明接线的线号和走向，可以不画出两个元件间的接线。

（6）安装底板内外的电器元件之间的连线需要通过接线端子板进行。

1.3.2　阅读电气原理图的方法和步骤

阅读电气原理图的方法和步骤，大致可以归纳为以下几点：

（1）必须熟悉图中各器件的符号和作用。

（2）阅读主电路。应该了解主电路有哪些用电设备（如电动机、电炉等），以及这些设备的用途和工作特点，并根据工艺过程，了解各用电设备之间的相互联系，采用的保护方式等。在完全了解主电路的工作特点后，就可以根据这些特点去阅读控制电路。

（3）阅读控制电路。控制电路由各项电器组成，主要用来控制主电路的工作。在阅读控制电路时，一般先根据主电路接触器主触点的文字符号，到控制电路中去找与之相应的吸引线圈，进一步弄清电动机的控制方式。这样可将整个电气原理图划分为若干部分，每一部分控制一台电动

机。另外,控制电路一般是依照生产工艺要求,按动作的先后顺序,自上而下,从左到右,并联排列的。因此,读图时也应该自上而下,从左到右,一个环节一个环节地分析。

（4）对于机、电、液配合得比较紧密的生产机械,必须进一步了解有关机械传动和液压传动的情况,有时还要借助工作循环图和运动顺序表,配合电器动作来分析电路中的各种连锁关系,以便掌握其全部控制过程。

（5）阅读照明、信号指示、监测、保护等辅助电路环节。

对于比较复杂的控制电路,可按照先简后繁、先易后难的原则,逐步解决。因为,无论怎样复杂的控制电路,都是由许多简单的基本环节组成的。阅读时可以将它们分解开来,先逐个分析各个基本环节,再综合起来全面加以解决。

概括地说,阅读的方法可以归纳为从机到电、先"主"后"控"、化整为零、连成系统。

练习与思考题

1. 电气原理图中如何进行数字分区？数字分区的作用是什么？
2. 电气原理图中电器元件触头图示状态如何？请举例说明。

任务 1.4　CA6140 车床电气控制系统的分析与故障检修

学习目标

1. 知识目标
（1）电气控制系统图的基本知识；
（2）电气控制中的各种保护；
（3）能够正确识读常用机床控制线路；
（4）能够准确对机床控制线路进行接线；
（5）能够快速准确判断机床常见故障。

2. 能力目标
（1）会电气控制系统图的识读与绘制；
（2）会正确判断电器元件的好坏；
（3）会根据电气原理图、接线图正确接线；
（4）会电路的检查；
（5）会通电试车；
（6）会正确分析机床控制线路的原理、故障诊断与故障排除。

任务描述

以 CA6140 车床控制线路的原理分析及故障排除工作任务为载体,通过实施车床电气控制线路的分析及故障排除的具体工作任务,引导讲授与具体工作相关联的线路分析、故障排除、电气保护,加强学生理解能力和故障排除检修能力。

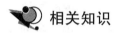 相关知识

1.4.1 CA6140 车床控制线路分析

车床是应用极为广泛的金属切削机床,能够车削外圆、内圆、端面、螺纹、螺杆以及车削定型表面等。在各种车床中,用得最多的是卧式车床。下面以 CA6140 车床为例进行分析。

该车床型号含义如下:

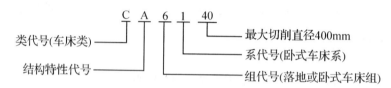

图 1-42 CA6140 车床型号含义

1 主要结构及运动形式

CA6140 型卧式车床由主轴箱、挂轮箱、进给箱、溜板与刀架、溜板箱、尾架、丝杠、光杠、床身等部件组成。图 1-43 是 CA6140 型卧式车床的结构示意图。

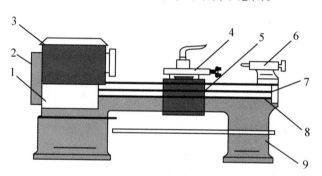

图 1-43 CA6140 车床的结构示意图

1—进给箱 2—挂轮箱 3—主轴变速箱 4—溜板与刀架

5—溜板箱 6—尾架 7—丝杠 8—光杠 9—床身

CA6140 型卧式车床的主运动是主轴的旋转运动,由主轴电动机通过传动带传到主轴箱带动主轴旋转。进给运动是刀架带动刀具的直线运动。溜板箱把丝杠或光杠的转动传递给刀架部分,变换溜板箱外的手柄位置,经刀架部分使车刀做纵向或横向进给。辅助运动为车削运动以外的其他一切必需的运动,如尾架的纵向移动,工件的夹紧与放松等。

2 电力拖动特点及控制要求

(1) M1 主轴电动机为三相笼型异步电动机,为满足调速要求,采用机械变速。

采用直接启动;由机械换向实现正、反转;齿轮箱进行机械有级调速。

(2) M2 冷却泵电动机,车削加工时,由于刀具与工件温度高,所以需要冷却。

应在主轴电动机启动后方可启动;当主轴电动机停止时,应立即停止。

（3）M3 刀架快移电动机,为实现溜板箱的快速移动,采用点动控制。

（4）电路应具有必要的保护环节和安全可靠的照明和信号指示。

3　电气控制线路分析

CA6140 卧式车床电路图如图 1-44 所示。

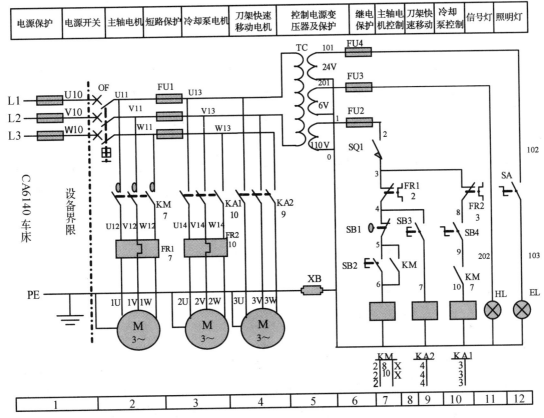

图 1-44　CA6140 卧式车床电路图

（1）主电路分析

主电路共有三台电动机:M1 主轴电动机,带动主轴旋转和刀架做进给运动;M2 为冷却泵;M3 为刀架移动电动机。

三相电源通过开关 QF 引入,主轴电动机 M1 由接触器 KM 控制启动,热继电器 FR1 为主轴电动机的 M1 的过载保护,冷却泵 M2 由接触器 KA1 控制启动,热继电器 FR2 为 M2 的过载保护,刀架快速移动电动机 M3 由 KA2 控制启动,由于刀架快速移动只做短期工作,未设有过载保护。

（2）控制电路分析

控制回路的电源由控制变压器 TC 输出 110 V 电压提供。

1）主轴电动机的控制

按下启动按钮 SB2,KM 接触器的线圈获电动作,其 KM 主触头（2 区）闭合,主电动机

M1 启动,同时 KM 自锁触头闭合(7 区)和 KM 常开触头闭合(10 区),为冷却泵电机启动做准备。按下按钮 SB1,主轴电动机 M1 停止。

2)冷却电动机控制

如果车削加工过程中,工艺需要使用冷却液时,可以合上开关 SA,在主轴 M1 运转情况下接触器线圈 KM 线圈得电,其主触动闭合,中间继电器 KA1 线圈得电,KA1 触头闭合(3 区),冷却泵电动机 M2 获电运行,特别强调:只有当电动机 M1 启动后,冷却泵 M2 才有可能启动,当 M1 停止时,M2 也自动停止。

3)刀架快速移动电动机的控制

刀架快速移动电动机 M3 的启动是由按钮 SB3 来控制,它与中间继电器 KA2 组成点动控制环节。将操纵手柄扳到所需的方向,压下按钮 SB3,中间继电器 KA2 线圈得电(9 区),KA2 触头闭合(4 区),刀架快移电动机 M3 启动,刀架就向指定的方向快速移动。

(3)照明、信号灯电路分析

控制变压器 TC 的副边分别输出 24 V 和 6 V 电压,作为机床低压照明电灯、信号灯的电源。EL 为机床的低压照明灯,由开关 SA 控制,HL 为电源的指示灯。它们分别采用 FU3 和 FU4 作为短路保护。

1.4.2 CA6140 车床控制线路故障检修

1 机床电气控制线路故障的检修

(1)机床电气设备故障产生的原因

1)自然故障

机床在运行过程中由于电气设备常常要承受许多不利因素的影响,诸如电器动作过程中的机械振动;电弧的灼烧;长期动作的自然磨损;过电流的热效应致使电器元件的绝缘老化;电器周围的环境等原因,都会使机床电气出现一些这样或那样的故障而影响机床的正常运行。

2)人为故障

机床在运行过程中由于受到不应有的机械外力的破坏或因操作不当而造成的故障,也会造成机床事故。

(2)机床电气设备故障的类型

由于机床电气设备的结构不同,电器元件的种类繁多,导致电气故障的因素又是多种多样,因此电气设备所出现的故障也是各式各样。但是这些故障可以大致分为两类:一类是有明显外部特征的故障,例如电机、电器的显著发热、冒烟、散发出焦臭味或电火花等;一类是没有明显外部特征的故障,例如在电气线路中由于电器元件调整不当,机械动作失灵,触头及压接线头接触不良或脱落,导线断裂等原因所造成的故障。

(3)故障的分析

当机床电气发生故障后,故障的检修一般分三步来完成,第一步检修前调查研究,第二步理论分析,第三步现场检测。

1) 检修前调查研究

当机床发生电气故障后,应先通过问、看、听、摸来了解故障前后的操作情况和故障发生后的异常现象,以便根据故障现象判断故障范围。

a. 问:首先向机床操作者了解故障发生的前后情况,故障是首次突然发生还是经常发生,是否有冒烟、火花、气味和异常声响出现,有无误动作等,以便根据故障现象判断故障范围。

b. 看:察看故障发生后有无明显的外观征兆,如熔断器是否熔断,接线是否脱落,线圈是否烧毁等。

c. 听:在线路还能运行和不扩大故障范围、不损害设备的前提下,可通电试车,听电动机、接触器、继电器的声音是否正常。

d. 摸:在机床电气设备运行一段时间后,切断电源用手摸有关电器的外壳或电磁线圈,是否有局部过热现象。

2) 从原理图分析确定故障范围

机床电气线路有的很简单,但有的也很复杂。对于简单的电气线路检修时,我们可以采用逐个电器,逐根导线的依次检查的方法查找故障。但是对于比较复杂的电气线路,往往电器元件、连接导线都比较多,如采取逐一检查的方法,不仅需耗费大量的时间,而且也容易漏查。在这种情况下,我们可以根据电路图,采用逻辑分析的方法确定故障范围。分析电路时,通常先从主电路入手,了解整个机床设备有几台电动机来拖动,每台电动机在电路中的作用,每台电机分别有哪几个电器来控制,采用了何种控制方式,然后找到相应的控制电路,结合故障现象和线路的工作原理进行分析,判断出故障发生的可能范围。

(4) 故障的现场检测

现场检修阶段,常按下列步骤进行检查分析。

1) 进行外表检查

在确定了故障可能发生的范围后,在此范围内对有关电器进行外表检查,例如:熔断器熔丝熔断,接线头松动或脱落,线圈烧毁,接触器触头接触不良,电气开关的动作机构失灵等,都能明显的表明故障点所在。

2) 用实验法进一步缩小故障范围

经外表检查未发现明显故障点时,则可采用通电试验的办法进一步查找故障点。具体做法是:操作某一按钮或开关时,线路中有关的接触器、继电器将按规定的动作顺序进行工作。若依次动作至某一电器元件时发现动作不符,即说明此元件或相关电路有问题。再在此电路中逐项检查,一般便可发现故障。在通电实验时,必须注意人身和设备安全。

例如图 1-45 所示为电动机自锁控制电路。假设电路出现故障,故障现象为按下启动按钮 SB2 电动机 M 不能启动。发生以上事故,应首先要确定故障范围是发生在主电路还是发生在控制电路。依据是接触器 KM 是否吸合,如果按下按钮 SB2 接触器 KM 线圈能够得电,而电动机不能启动则说明故障出在主电路;如果按下按钮 SB2 接触器 KM 线圈不能够得电,则说明控制电路中一定有故障。确定故障范围后,再进行逐项检查。

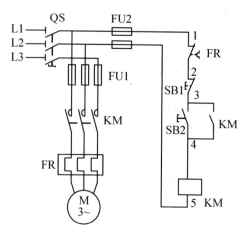

图 1-45　电动机自锁控制电路

3）利用测量法确定故障点

在确定了故障范围之后，我们可以利用各种仪表器材对电路进行逐项检测，以此进一步寻找或判断故障点。常用的检测方法有电阻测量法、电压测量法和短接法。下面以一段有代表性的控制电路为例，说明这几种方法的具体应用。

①电阻测量法

电阻测量法分为分段测量法和分阶测量法，如图 1-46 为分段测量法示意图。

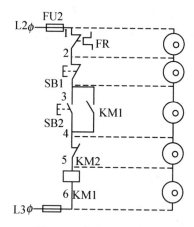

图 1-46　电阻分段测量法

检查时，先切断电源，把万用表拨到电阻挡，然后逐段测量相邻两标号点 1—2、点 2—3、点 3—4（测量时有一人按下 SB2）、点 4—5 之间的电阻。如果测得某两点间的电阻值很大（∞），说明该两点间接触不良或导线断路；如果测得点 5—6 两点间的电阻值很大（∞），说明该线圈断线或接线脱落，如果电阻值接近零，则线圈可能短路。

电阻分段测量法的优点是安全，缺点是测量电阻值不准确时，易造成判断错误，因此应注意以下几点：第一点，用电阻测量法检查故障时，一定要先切断电源；第二点，所测量的电路若与其他电路并联，必须将该电路与其他电路断开，否则所测电阻值不准确；第三点，要注意选择好万用表的量程。

②电压测量法

电压测量法分为分段测量法、分阶测量法和对地测量法，如图 1-47 为电压分段测量法示意图。首先把万用表置于交流电压 500 V 的挡位上，然后再对电路进行测量。测量时先用万用表测量如图 1-47 所示 1—6 两点间的电压，若为 380 V，则说明电源电压正常；然后按下启动按钮 SB2，若接触器 KM1 不吸合，则说明电路有故障。这时可用万用表逐段测量相邻点 1—2、2—3、3—4、4—5、5—6 之间的电压。如果电路正常，点 1—2、2—3、3—4、4—5 各段电压应均为 0，点 5—6间电压为 380 V。若测得点 1—2 间电压为 380 V，则说明热继电器 FR 的保护触点已动作或接触不良；若测得点 3—4 间电压为 380 V，则说明启动按钮 SB2 触点或连接导线有故障，

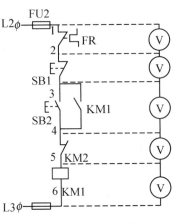

图 1-47 电压分段测量法

依此类推；若测得点 1—5 间各段电压为 0，点 5—6 间电压为 380 V，而 KM1 不吸合，则说明 KM1 线圈有故障。

③短接法

短接法是一种更为简便可靠的检测方法。检查时，用一根绝缘良好的导线，将所怀疑的断路部位短接，若短接到某处电路接通，则说明该处断路。图 1-48 为局部短接法的示意图。

按下启动按钮 SB2，若 KM1 不吸合，说明电路中存在故障，可用局部短接法进行检查。检查前，先用万用表测量 1—6 两点间的电压值，在电压正常的情况下，可按下启动按钮 SB2 不放，用一根绝缘良好的导线，分别短接标号相邻的两点，如 1—2、2—3、3—4、4—5。当短接到某两点时 KM1 吸合，说明这两点间存在断路故障。

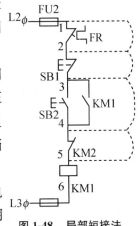

图 1-48 局部短接法

在用短接法检测故障时必须注意以下几点：第一，短接法是带电操作，所以一定要注意安全，避免发生触电事故；第二，短接法只适用于压降极小的导线及触头之类的断路故障，对于压降较大的电器，如电阻、线圈、绕组等断路故障，不能采用短接法；第三，对于机床设备的某些重要部位，最好不用此法。

2 CA6140 车床的故障检测与维修

（1）故障现象 主轴、冷却泵和快速启动电动机都不能启动，信号灯和照明灯不亮。

故障原因 FU1、FU2 熔断；变压器 TC 前有断路等。

排除方法 按惯例先检查 FU1 和 FU2，就会发现熔断器故障。如果熔断器完好，用电笔检查 TC 一次侧有无电压，如果无电压，说明 FU2 线与 TC 间断路。用万用表检查断点，并接好断路部分，故障排除。

（2）故障现象 主轴、冷却泵和快速启动电动机都不能启动。

故障原因　FU3 熔断,热继电器 FR1 或 FR2 动作后没有复位。

排除方法　用试电笔分别检查 FU3、FR1、FR2 两端有无电压,如果无电压说明他们之间某处有断路。用万用表检查断点,并接好断路部分,故障排除。

(3)故障现象　主轴电动机、冷却泵不能工作,快速启动电动机能启动。

故障原因　主轴电动机控制电路回路有故障,启动或停止按钮接触不良,接触器 KM1 线圈烧毁或主触点不能闭合。

排除方法　按下启动按钮 SB2,接触器不能吸合,说明故障在控制回路,用电笔分别检查 SB1、SB2 两端有无电压,如果无电压,说明二者之间某处有断路。用万用表检查断电,并接好断路部分,故障排除。

(4)故障现象　照明灯不亮,其他均正常。

故障原因　照明控制电路间有断路。

排除方法　先检查 FU4 看熔断器是否正常,用电笔分别检查 SA1、EL 两端有无电压,如果无电压,说明二者之间某处有断路。用万用表检查断点,并接好断路部分,故障排除。

(5)故障现象　按下 SB2,主轴只能点动。

故障原因　KM1 自锁电路故障。

排除方法　用电笔分别检查 KM1 两端有无电压,如果无电压,说明自锁电路有断路。用万用表检查断点,并接好断路部分,故障排除。

(6)故障现象　按下 SB2,主轴电动机无任何反应。

故障原因　KM1 线圈没有电。

排除方法　用电笔检查 KM1 线圈两端有无电压,如果无电压,说明 KM1 之前电路有断路。用万用表检查断点,并接好断路部分,故障排除。

(7)故障现象　按下 SA2,冷却泵电动机无任何反应。

故障原因　KM2 线圈没有电。

排除方法　用电笔分别检查 KM2 线圈两端有无电压,如果无电压,说明 KM3 之前电路有断路。用万用表检查断点,并接好断路部分,故障排除。

(8)故障现象　按下 SB3,快速电动机启动无任何反应。

故障原因　KM3 线圈没有电。

排除方法　用电笔分别检查 KM3 线圈两端有无电压,如果无电压,说明 KM3 之前电路有断路。用万用表检查断点,并接好断路部分,故障排除。

(9)故障现象　按下 SB3,KM3 动作,刀架快速移动电动机不能启动。

故障原因　刀架快移电动机主电路故障。

排除方法　用电笔分别检查刀架快移电动机三相线,如三相电压缺相说明有断线。用万用表检查断点,并接好断路部分,故障排除。

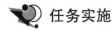 任务实施

一、实施步骤

1. 根据图 1-43 列出所需的元件并填入明细表。

表 1-9 元件明细表

序号	代号	名称	型号	规格	数量
1					
2					
3					
4					
5					
6					

2. 按明细表清点各元件的规格和数量,并检查各个元件是否完好无损,各项技术指标符合规定要求。

3. 根据原理图,设计并画出电器布置图,作为电器安装的依据。

4. 按照电器布置图安装固定元件。

5. 根据原理图,设计并画出安装图,作为接线安装的依据。

6. 按图施工,安装接线。

7. 接线完毕,根据图检查布线的正确性,并进行主电路和控制电路的自检。

8. 经检验合格后,通电试车。通电时,必须经指导教师同意,并在现场监护下进行。

9. 通电试车完毕后,切断线路,拆除线路。

二、安装工艺要求

1. 元件安装工艺:安装牢固、排列整齐。

2. 布线工艺:走线集中、减少架空和交叉,做到横平、竖直、转弯成直角。

3. 接线工艺:

    A. 每个接头最多只能接两根线

    B. 平压式接线柱要求作线耳连接,方向为顺时针

    C. 线头露铜部分＜2 mm

    D. 电机和按钮等金属外壳必须可靠接地

4. 安全文明生产。

三、验收评价表

表 1-10　XXXX 课题验收评分表

工件编号：_____　　班级：_____　　姓名：_____

序号	主要内容	考核要求	评分标准	配分	扣分	得分
1	元件安装	1. 按图纸的要求，正确使用工具和仪表，熟练安装电气元器件 2. 元件在配电板上布置要合理，安装要准确、紧固	1. 元件布置不整齐、不匀称、不合理，每处扣 2 分 2. 元件安装不牢固、漏装螺钉，每处扣 2 分 3. 损坏元件或设备，每次扣 10 分	20		
2	布　线	1. 布线要求横平竖直，接线紧固美观 2. 电源和电动机配要接到端子排上，并注明引出端子标号 3. 不能随意敷设导线	1. 选用导线不合理，每处扣 5 分 2. 不按原理图配线，每处扣 5 分 3. 布线不横平竖直，每处扣 5 分 4. 接点松动、裸铜过长、反圈、毛刺、压绝缘层，每处扣 5 分 5. 损伤导线绝缘或芯线，每根扣 5 分 6. 导线乱敷设扣 30 分	40		
3	通电调试	配线正确， 通电试验正常	1. 热继电器整定值错误，每处扣 5 分 2. 主、控电路配错熔体，每处扣 5 分 3. 通电运行不正常，扣 30 分	30		
4	安全与文明生产	遵守国家相关专业安全文明生产规程	违反安全文明生产规程，扣 5～10 分	10		
			合计	100		
备注			考评员签字　　　　　　年　　月　　日			

练习与思考题

1. 按下按钮主轴不能启动的故障排除。

2. 简述排除 CA6140 车床快速刀架不能移动故障的步骤。

3. CA6140 机床中，若发现主轴电机 M1 只能点动，问可能的故障原因是什么？在此情况下，冷却泵能否正常工作？

项目二　Z3040 钻床控制线路的安装与维护

项目描述：以 Z3040 钻床电气控制线路分析及故障排除工作任务为载体，通过钻床电气控制线路的分析及故障排除等具体工作任务，引导教授与具体工作相关联的线路分析、故障排除，加强学生理解能力和故障排除检修能力。

任务 2.1　电动机正反转控制线路的安装与检测

学习目标

1. 知识目标

（1）电气控制系统图的基本知识；

（2）电气控制中的各种保护；

（3）电动机的正反转控制线路的分析与实现；

（4）电动机的正反转控制线路的故障诊断与维修。

2. 能力目标

（1）会识读与绘制电气控制系统图；

（2）会正确判断电器元件的好坏；

（3）会根据电气原理图、接线图正确接线；

（4）会正确分析电动机的正反转控制线路的原理、故障诊断与故障排除。

任务描述

以典型的电动机的正反转制线路的原理分析、安装与维修工作任务为载体，通过实施电气控制线路的分析、设计、装接的具体工作任务，引导讲授与具体工作相关联的电器控制元件、控制电路的设计分析、接线，加强学生理解能力和检修能力。

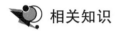

2.1.1 电气控制器件

1 行程开关

行程开关又称位置开关或限位开关,它的作用与按钮开关相同,只是其触头的动作不是靠手动操作,而是利用生产机械运动部件的碰撞使其触头动作,从而将机械信号转变为电信号,用以控制机械动作或用作程序控制。在电气控制系统中,位置开关的作用是实现顺序控制、定位控制和位置状态的检测,用于控制机械设备的行程及限位保护。

各系列行程开关的基本结构大体相同,都是由操作头、触点系统和外壳组成。为了适应各种条件下的碰撞,行程开关有很多构造形式,常用的有直动式(按钮式)和滚轮式(旋转式)。其中滚轮式又有单滚轮式和双滚轮式两种。

（1）直动式行程开关

动作原理同按钮类似,所不同的是:一个是手动,另一个则由运动部件的撞块碰撞。当外界运动部件上的撞块碰压按钮使其触头动作,当运动部件离开后,在弹簧作用下,其触头自动复位。其外形和结构原理如图 2-1 所示,其动作原理与按钮开关相同,但其触点的分合速度取决于生产机械的运行速度,不宜用于速度低于 0.4 m/min 的场所。

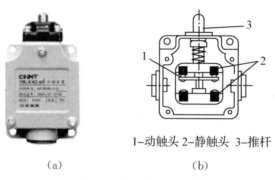

1—动触头 2—静触头 3—推杆

（a）　　　　　　　　　　（b）

图 2-1　直动式行程开关

（a）外形　（b）原理图

（2）滚轮式行程开关

滚轮式行程开关又分为单滚轮自动复位和双滚轮(羊角式)非自动复位式。当运动机械的挡铁(撞块)压到行程开关的滚轮上时,传动杠连同转轴一同转动,使凸轮推动撞块,当撞块碰压到一定位置时,推动微动开关快速动作。当滚轮上的挡铁移开后,复位弹簧就使行程开关复位。这种是单轮自动恢复式行程开关。而双轮旋转式行程开关不能自动复原,它是依靠运动机械反向移动时,挡铁碰撞另一滚轮将其复原。其外形和结构原理如图 2-2 所示。

行程开关的符号如图 2-3 所示。

LX19 和 JLXK1 系列行程开关的技术参数见表 2-1。

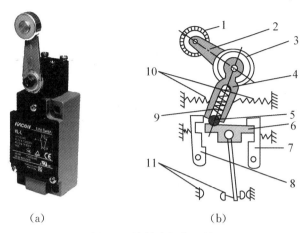

（a）　　　　　　　　　　　　　（b）

图 2-2　滚轮式行程开关

（a）外形　（b）原理图

1—滚轮　2—上转臂　3—弹簧　4—支架　5—小滑轮

6—触点推杆　7、8—压板　9—弹簧　10—弹簧　11—触头

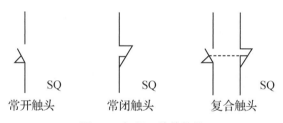

常开触头　　　　　　常闭触头　　　　　　复合触头

图 2-3　行程开关的符号

表 2-1　LX19 和 JLXK1 系列行程开关的主要技术参数

型号	额定电压/V	额定电流/A	结构形式	常开触头数	常闭触头数	工作行程
LXl9K	AC380 DC220	5	元件	1	1	3 mm
LXl9-001	同上	5	无滚轮,仅用传动杆,能自复位	1	1	<4 mm
LXKl9-111	同上	5	单轮,滚轮装在传动杆内侧,能自动复位	1	1	～30 度
LXl9-121	同上	5	单轮,滚轮装在传动杆外侧,能自动复位	1	1	～30 度
LXl9-131	同上	5	单轮,滚轮装在传动杆凹槽内	1	1	～30 度
LXl9-212	同上	5	双轮,滚轮装在 U 形传动杆内侧,不能自动复位	1	1	～30 度

续表

型号	额定电压/V	额定电流/A	结构形式	常开触头数	常闭触头数	工作行程
LXl9-222	同上	5	双轮,滚轮装在 U 形传动杆外侧,不能自动复位	1	1	～30 度
LXl9-232	同上	5	双轮,滚轮装在 U 形传动杆内外侧各一,不能自动复位	1	1	～30 度
JLXK1-111	AC500	5	单轮防护式	1	1	12～15 度
JLXK1-211	同上	5	双轮防护式	1	1	～45 度
JLXK1-311	同上	5	直动防护式	1	1	1～3mm
JLXK1-411	同上	5	直动滚轮防护式	1	1	1～3mm

2 接近开关

接近开关,又称为无触点行程开关,是一种与运动部件无机械接触而能操作的行程开关。它是一种用于工业自动化控制系统中以实现检测、控制并与输出环节全盘无触点化的新型开关元件。

(1) 接近开关的种类

因为位移传感器可以根据不同的原理和不同的方法做成,而不同的位移传感器对物体的"感知"方法也不同,所以常见的接近开关有以下几种:

1) 无源接近开关

这种开关不需要电源,通过磁力感应控制开关的闭合状态。当磁或者铁质触发器靠近开关磁场时,由开关内部磁力作用控制闭合。特点:不需要电源,非接触式,免维护,环保。外形图如图 2-4 所示。

图 2-4　无源接近开关

2）涡流式接近开关

这种开关有时也叫电感式接近开关。它是利用导电物体在接近这个能产生电磁场接近开关时，使物体内部产生涡流。这个涡流反作用到接近开关，使开关内部电路参数发生变化，由此识别出有无导电物体移近，进而控制开关的通或断。这种接近开关所能检测的物体必须是导电体。外形图如图 2-5 所示。

图 2-5　涡流式接近开关　　　　图 2-6　电容式接近开关

3）电容式接近开关

这种开关的测量通常是构成电容器的一个极板，而另一个极板是开关的外壳。这个外壳在测量过程中通常是接地或与设备的机壳相连接。当有物体移向接近开关时，不论它是否为导体，由于它的接近，总要使电容的介电常数发生变化，从而使电容量发生变化，使得和测量头相连的电路状态也随之发生变化，由此便可控制开关的接通或断开。这种接近开关检测的对象，不限于导体，也可以是绝缘的液体或粉状物等。外形图如图 2-6 所示。

4）霍尔接近开关

霍尔元件是一种磁敏元件。利用霍尔元件做成的开关，叫做霍尔开关。当磁性物件移近霍尔开关时，开关检测面上的霍尔元件因产生霍尔效应而使开关内部电路状态发生变化，由此识别附近有磁性物体存在，进而控制开关的通或断。这种接近开关的检测对象必须是磁性物体。外形图如图 2-7 所示。

图 2-7　霍尔接近开关

5）光电式接近开关

利用光电效应做成的开关叫光电开关。将发光器件与光电器件按一定方向装在同一个检测头内，当有反光面（被检测物体）接近时，光电器件接收到反射光后便有信号输出，由此便可"感知"有物体接近。外形图如图 2-8 所示。

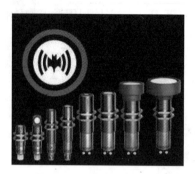

图 2-8　光电式接近开关

（2）接近开关的功能

检验距离：检测电梯、升降设备的停止、启动、通过位置；检测车辆的位置，防止两物体相撞检测；检测工作机械的设定位置，移动机器或部件的极限位置；检测回转体的停止位置，阀门的开或关位置。

尺寸控制：金属板冲剪的尺寸控制装置；自动选择、鉴别金属件长度；检测自动装卸时堆物高度；检测物品的长、宽、高和体积。

转速与速度控制：控制传送带的速度；控制旋转机械的转速；与各种脉冲发生器一起控制转速和转数。

计数及控制：检测生产线上流过的产品数；高速旋转轴或盘的转数计量；零部件计数。

检测异常：检测瓶盖有无；产品合格与不合格判断；检测包装盒内的金属制品缺乏与否；区分金属与非金属零件；产品有无标牌检测；起重机危险区报警；安全扶梯自动启停。

（3）接近开关的符号

接近开关的符号如图 2-9 所示。

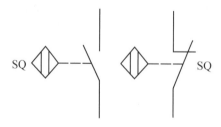

图 2-9　接近开关的符号

3　中间继电器

中间继电器一般用来控制各种电磁线圈使信号得到放大，或将信号同时传递给几个控制元件，常用的交流中间继电器有 JZ7 系列，直流中间继电器有 JZ12 系列。

中间继电器的结构原理与交流接触器基本相同，只是它的触头没有主辅之分，各对触头所允许通过的电流大小相同，其额定电流一般为 5 A，触头数量比接触器多一些。

中间继电器的外形及符号如图 2-10 所示。

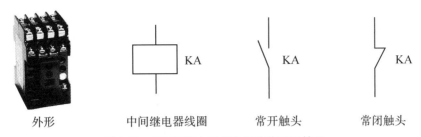

外形　　　中间继电器线圈　　　常开触头　　　常闭触头

图 2-10 JZ7 系列中间继电器的外形及符号

中间继电器的型号含义如下：

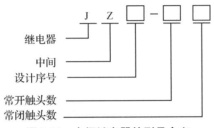

继电器
中间
设计序号
常开触头数
常闭触头数

图 2-11 中间继电器的型号含义

2.1.2 电气控制电路

三相异步电动机的正反转控制线路。

正转控制线路只能使电动机朝一个方向旋转，带动生产机械的运动部件朝一个方向运动。但许多生产机械往往要求运动部件能向正、反两个方向运动。如机床工作台的前进与后退；起重机吊钩的上升与下降等等。当改变通入电动机定子绕组的三相电源相序，即把接入电动机三相电源进线中的任意两相对调接线时，电动机就可以反转。下面介绍几种常用的正反转控制线路。

1 接触器联锁正反转控制线路

接触器联锁正反转控制线路如图 2-12 所示。

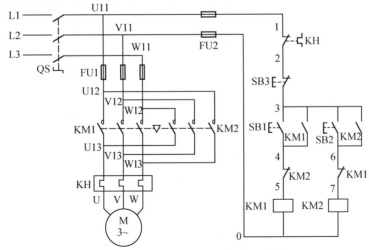

图 2-12 接触器联锁正反转控制线路

电动机接触器联锁正反转控制电路分析：

（1）正转控制 合上电源开关 QS，按正转启动按钮 SB1，正转控制回路接通，KM1 的线圈通电动作，其常开触头闭合自锁、常闭触头断开对 KM2 联锁，同时主触头闭合，主电路按 U1、V1、W1 相序接通，电动机正转。

（2）反转控制 要使电动机改变转向（即由正转变为反转）时应先按下停止按钮 SB3，KM1 线圈失电，电动机停转。电动机停转后再按下 SB2，反转接触器 KM2 通电动作，主触头闭合，主电路按 W1、V1、U1 相序接通，电动机的电源相序改变了，电动机反向旋转。

必须指出，接触器 KM1 和 KM2 的主触头绝不允许同时闭合，否则将造成两相电源短路事故。为了避免两个接触器 KM1 和 KM2 同时得电动作，于是在正反转控制电路中分别串联了对方接触器的一对常闭辅助触头，这样，当一个接触器得电动作时，通过其常闭辅助触头使另一个接触器不能得电动作，接触器间这种相互制约的作用叫接触器联锁（或互锁）。实现联锁作用的常闭辅助触头称为联锁触头（或互锁触头）。

接触器联锁正反转控制线路的优点是工作安全可靠，缺点是操作不便，因为从正转到反转或者从反转到正转，必须经过停止这一环节，否则电动机不能反向启动。

2 按钮、接触器双重联锁的正反转控制线路

为了克服接触器联锁正反转控制线路的不足，在接触器联锁正反转控制线路的基础上，又增加了按钮联锁，构成了按钮、接触器双重联锁的正反转控制线路，如图 2-13 所示。该线路具有操作方便，工作安全可靠的优点。

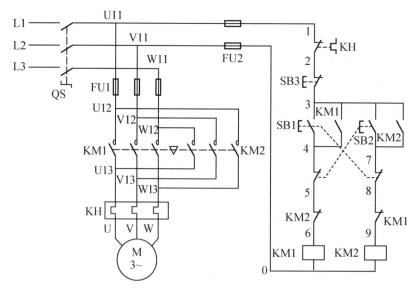

图 2-13 按钮、接触器双重联锁的正反转控制线路

线路的工作原理如下：

先合上电源开关 QS。

（1）正转控制：

→电动机 M 启动连续正转。

（2）反转控制：

→电动机 M 失电。

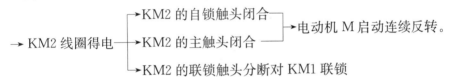

如果停止时，按下 SB3 整个控制电路失电，主触头分断，电动机 M 失电停转。

 **任务实施**

一、实施步骤

1. 根据图 2-13 列出所需的元件并填入明细表。

表 2-2　元件明细表

序号	代号	名称	型号	规格	数量
1	M	三相异步电机	Y112M-4	4 kW、380 V、△接法、8.8 A、1 440 r/min	1
2	QS	组合开关	HZ10-25/3	三极、25 A	1
3	FU1	熔断器	RL1-60/25	500 V、60 A、配熔体 25 A	3
4	FU2	熔断器	RL1-15/2	500 V、15 A、配熔体 2 A	2
5	KM1、KM2	接触器	CJ10-10	10 A、线圈电压 380 V	2
6	FR	热继电器	JR16-20/3	三极、20 A、整定电流 8.8 A	1
7	SB1-SB3	按钮	LA10-3H	保护式、380 V、5 A、按钮数 3 位	1
8	XT	接线端子排	JX2-1015	380 V、10 A、15 节	1

2. 按明细表清点各元件的规格和数量，并检查各个元件是否完好无损，各项技术指标符合规定要求。

3. 根据原理图,设计并画出电器布置图,作为电器安装的依据。如图 2-14 所示。

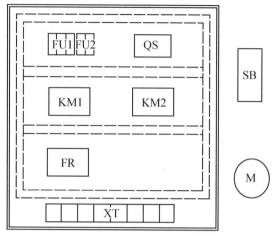

图 2-14　电器布置图

4. 按照电器布置图安装固定元件。

5. 根据原理图,设计并画出安装图,作为接线安装的依据。如图 2-15 所示。

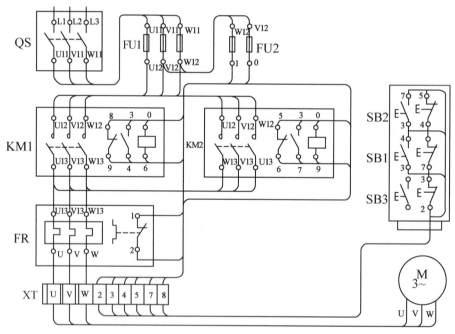

图 2-15　电气安装接线图

6. 按图施工,安装接线。

7. 接线完毕,根据图检查布线的正确性,并进行主电路和控制电路的自检。

8. 经检验合格后,通电试车。通电时,必须经指导教师同意,并在现场监护下进行。

9. 通电试车完毕后,切断线路,拆除线路。

二、安装工艺要求

1. 元件安装工艺:安装牢固、排列整齐。

2. 布线工艺:走线集中、减少架空和交叉,做到横平、竖直、转弯成直角。

3. 接线工艺:

    A. 每个接头最多只能接两根线

    B. 平压式接线柱要求作线耳连接,方向为顺时针

    C. 线头露铜部分＜2 mm

    D. 电机和按钮等金属外壳必须可靠接地

4. 安全文明生产。

三、验收评价表

表 2-3　XXXX 课题验收评分表

工件编号:＿＿＿＿＿＿　　班级:＿＿＿＿＿＿　　姓名:＿＿＿＿＿＿

序号	主要内容	考核要求	评分标准	配分	扣分	得分
1	元件安装	1. 按图纸的要求,正确使用工具和仪表,熟练安装电气元器件 2. 元件在配电板上布置要合理,安装要准确、紧固	1. 元件布置不整齐、不匀称、不合理,每处扣 2 分 2. 元件安装不牢固、漏装螺钉,每处扣 2 分 3. 损坏元件或设备,每次扣 10 分	20		
2	布　线	1. 布线要求横平竖直,接线紧固美观 2. 电源和电动机配要接到端子排上,并注明引出端子标号 3. 不能随意敷设导线	1. 选用导线不合理,每处扣 5 分 2. 不按原理图配线,每处扣 5 分 3. 布线不横平竖直,每处扣 5 分 4. 接点松动、裸铜过长、反圈、毛刺、压绝缘层,每处扣 5 分 5. 损伤导线绝缘或芯线,每根扣 5 分 6. 导线乱敷设扣 30 分	40		
3	通电调试	配线正确, 通电试验正常	1. 热继电器整定值错误,每处扣 5 分 2. 主、控电路配错熔体,每处扣 5 分 3. 通电运行不正常,扣 30 分	30		
4	安全与文明生产	遵守国家相关专业安全文明生产规程	违反安全文明生产规程,扣 5～10 分	10		
			合计	100		
备注			考评员签字　　　　　　年　　月　　日			

工作台的自动往返控制线路

在生产过程中,有些生产机械运动部件的行程或位置要受到限制,或者需要其运动部件在一定范围内自动往返循环等。如万能铣床、摇臂钻床、镗床及各种自动或半自动控制机床设备中就经常遇到这种控制要求。位置控制或自动往返控制,通常是利用行程开关控制电动机的得、失电或电动机的正反转来实现的。图 2-16 为工作台自动往返行程控制线路。图中,SQ1、SQ2、SQ3、SQ4 为行程开关,按要求安装在机床床身固定的位置,SQ1、SQ2 作为自动切换电动机的正反转控制电路,使用 SQ3、SQ4 作为工作台的终端保护,防止行程开关SQ1、SQ2 失灵时使工作台超过限定位置而造成事故。

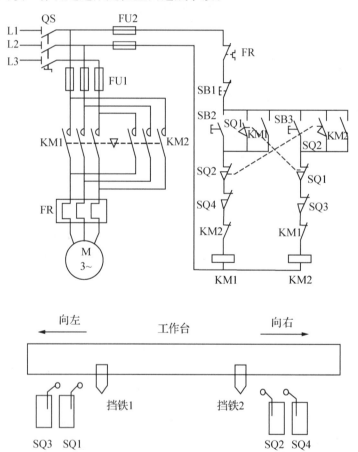

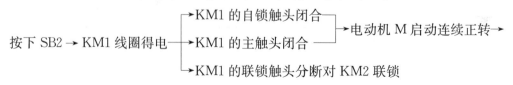

图 2-16　工作台的自动往返控制电路

工作台自动往返行程控制线路的工作原理如下:先合上电源开关 QS。

　　　　　　　　　　　　┌→KM1 的自锁触头闭合　　　┐
按下 SB2 →KM1 线圈得电 ─→KM1 的主触头闭合　　　├→电动机 M 启动连续正转→
　　　　　　　　　　　　└→KM1 的联锁触头分断对 KM2 联锁

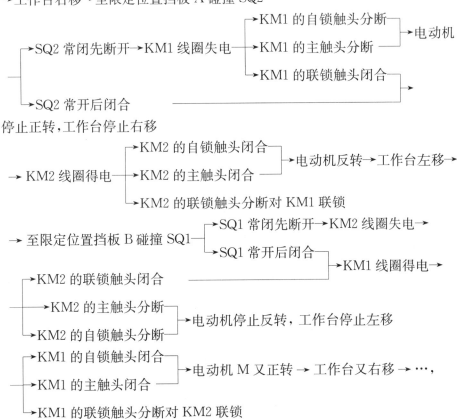

以后重复上述过程,工作台就在限定的行程内自动往返运行。

如要停止时,按下 SB1,整个控制电路失电,KM1 或 KM2 主触头分断,电动机 M 失电停转,工作台停止运行。

这里 SB2、SB3 分别作为正转启动按钮和反转启动按钮,若启动时工作台在右端,则应按下 SB3 进行启动。

练习与思考题

1. 行程开关和按钮开关的作用有何异同?

2. 接近开关的种类及作用?

3. 什么是互锁(联锁)? 什么是自锁? 试举例说明各自的作用。

任务 2.2　Z3040 钻床电气控制系统的分析与故障检修

学习目标

1. 知识目标

(1) 电气控制系统图的基本知识;

（2）电气控制中的各种保护；

（3）能够正确识读常用机床控制线路；

（4）能够准确对机床控制线路进行接线；

（5）能够快速准确判断机床常见故障。

2．能力目标

（1）会识读与绘制电气控制系统图；

（2）会正确判断电器元件的好坏；

（3）会根据电气原理图、接线图正确接线；

（4）会电路的检查；

（5）会正确分析机床控制线路的原理、故障诊断与故障排除。

 任务描述

以摇臂钻床电气控制线路的原理分析及故障排除工作任务为载体，通过摇臂钻床电气控制线路的分析及故障排除等的具体工作任务，引导讲授与具体工作相关联的线路分析、故障排除、电气保护，加强学生理解能力和故障排除检修能力。

 相关知识

2.2.1　Z3040 钻床的电气控制系统分析

钻床是一种用途广泛的孔加工机床。它主要用钻头钻削精度要求不太高的孔，另外还可以用来扩孔、铰孔、镗孔以及攻螺纹等。

钻床的结构形式很多，有立式钻床、卧式钻床、台式钻床、深孔钻床及多轴钻床。摇臂钻床是一种立式钻床，它适用于单件或批量生产中带有多空的大型零件孔加工，是一种机械加工车间常用的机床。本任务以 Z3040 型摇臂钻床电气控制线路为例进行分析。

该钻床的型号含义如下：

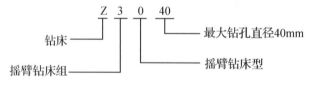

图 2-17　Z3040 钻床的型号含义

1　主要结构及运动形式

（1）钻床的主要结构

Z3040 摇臂钻床主要是由底座、内立柱、外立柱、摇臂升降丝杠、主轴箱、工作台等组成，如图 2-18 所示。

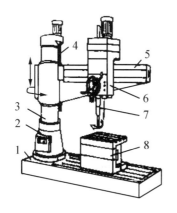

1—底座

2—内立柱

3、4—外立柱

5—摇臂

6—主轴箱

7—主轴

8—工作台

图 2-18　Z3040 摇臂钻床结构示意图

内立柱固定在底座上,在它外面套着空心的外立柱,外立柱可绕着内立柱回转一周,摇臂一端的套筒部分与外立柱滑动配合,借助于丝杠,摇臂可沿着外立柱上下移动,但两者不能做相对移动,所以摇臂与外立柱一起相对于内立柱回转。主轴箱是一个复合的部件,它具有主轴及主轴旋转部件和主轴进给的全部变速和操纵机构。主轴箱可沿着摇臂上的水平导轨做径向移动。当进行加工时,可利用特殊的加紧机构将外立柱紧固在内立柱上,摇臂紧固在外立柱上,主轴箱紧固在摇臂导轨上,然后进行钻削加工。

(2)钻床的运动形式

摇臂钻床主运动为主轴带动着钻头的旋转运动;辅助运动有摇臂连同外立柱围绕着内立柱的回旋运动,摇臂的外立柱上的上升、下降运动,主轴箱在摇臂上的左右运动等;而主轴带动钻头的前进移动是机床的进给运动。

2　摇臂钻床的控制要求

(1)刀具主轴的正反转控制,以实现螺纹的加工及退刀。

(2)刀具主轴旋转及垂直进给速度的控制,以满足不同的工艺要求。

(3)外立柱、摇臂、主轴箱等部件位置的调整运动。

(4)为确保加工过程中刀具的径向位置不会发生变化,外立柱、摇臂、主轴箱等部件必须有加紧与放松控制。

(5)冷却泵及液压泵电动机的启停控制。

(6)必要的保护环节及照明指示电路。

(7)摇臂钻床的主轴旋转与摇臂的升降不允许同时进行,它们之间应互锁,以确保安全。

Z3040 型摇臂钻床上采用了机、电、液三者有机结合的方式,来实现有关的控制。如主轴旋转速度及方向、主轴上下移动速度的控制均采用机械变速、换向及液压速度预选装置,内外立柱、摇臂、主轴箱等部件的夹紧与放松则利用液压和菱形块机构,液压系统的压力油是由电动机带动一个液压泵提供的。

3　控制线路分析

Z3040 摇臂钻床的电气控制线路如图 2-19 所示。

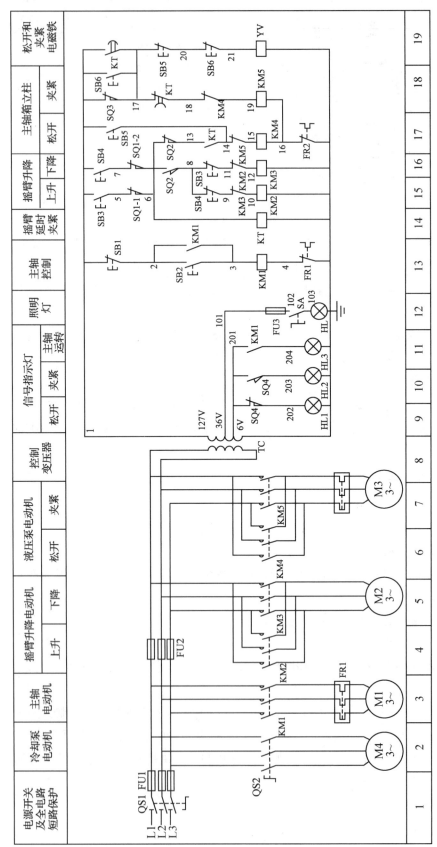

图2-19 Z3040摇臂钻床控制电路图

（1）主电路分析

Z3040 型钻床有四台电动机，除了冷却泵采用开关直接启动外，其余三台异步电动机均采用接触器启动。

M1 是主轴电动机，由交流接触器 KM1 控制，只要求单方向旋转，主轴的正反转机械轴手柄操作，M1 装在主轴箱顶部，带动主轴及进给传动系统，热继电器 FR1 是过载保护元件，FU1 作为短路保护。

M2 是摇臂升降电动机，装于主轴顶部，用接触器 KM2 和 KM3 控制正反转。因为该电动机短时间工作，故不设过载保护器，FU1 作为短路保护。

M3 是液压油泵电动机，可以正向转动和反向转动。正向旋转和反向旋转的启动与停止由接触器 KM4 和 KM5 控制。热继电器 FR2 是液压油泵电动机的过载保护电器，FU2 作为短路保护。该电动机的主要保护作用是供给夹紧装置压力油，实现摇臂和立柱的夹紧和松开。

M4 是冷却泵电动机，功率很小，由开关直接启动和停止。

（2）控制电路分析

1）主轴电动机 M1 的控制

按启动按钮 SB2，则接触器 KM1 线圈得电（13 区），KM1 主触头闭合（3 区），KM1 自锁触头闭合（13 区），主电动机 M1 启动运行。KM1 常开触头闭合（11 区），指示灯 HL3 亮，指示主轴电机运转。按停止按钮 SB1，则接触器 KM1 释放，使主轴电动机 M1 停止旋转，指示灯 HL3 灭。

2）摇臂升降控制

Z3040 型摇臂钻床摇臂的升降由 M2 拖动，SB3 和 SB4 分别为摇臂升、降的点动按钮。由 SB3、SB4 和 KM2、KM3 组成具有双重互锁的 M2 正反转点动控制电路。因为摇臂平时是夹紧在外立柱上的，所以在摇臂升降之前，先要把摇臂松开，再由 M2 驱动升降；摇臂升降到位后，再重新将它夹紧。而摇臂的松、紧是由液压系统完成的。在电磁阀 YV 线圈通电吸合的条件下，液压泵电动机 M3 正转，正向供出压力油进入摇臂的松开油腔，推动松开机构使摇臂松开，摇臂松开后，行程开关 SQ2 动作、SQ3 复位；若 M3 反转，则反向供出压力油进入摇臂的夹紧油腔，推动夹紧机构使摇臂夹紧，摇臂夹紧后，行程开关 SQ3 动作、SQ2 复位。由此可见，摇臂升降的电气控制是与松紧机构液压机械系统（M3 与 YV）的控制配合进行的。下面以摇臂的上升为例，分析控制的全过程：

按住摇臂上升按钮 SB3→SB3 动断触点断开，切断 KM3 线圈支路；SB3 动合触点闭合（1—5）→时间继电器 KT 线圈通电→KT 动合触点闭合（13—14），KM4 线圈通电，M3 正转；延时动合触点（1—17）闭合，电磁阀线圈 YV 通电，摇臂松开→行程开关 SQ2 动作→SQ2 动断触点（6—13）断开，KM4 线圈断电，M3 停转；SQ2 动合触点（6—8）闭合，KM2 线圈通电，M2 正转，摇臂上升→摇臂上升到位后松开 SB3→KM2 线圈断电，M2 停转；KT 线圈断电→延时 1～3S，KT 动合触点（1—17）断开，YV 线圈通过 SQ3（1—17）→仍然通电；KT 动断触点（17—18）闭合，KM5 线圈通电，M3 反转，摇臂夹紧→摇臂夹紧后，压下行程开关 SQ3，SQ3 动断触点（1—17）断开，YV 线圈断电；KM5 线圈断电，M3 停转。

摇臂的下降由 SB4 控制 KM3→M2 反转来实现，其过程可自行分析。

时间继电器 KT 的作用是在摇臂升降到位、M2 停转后，延时 1～3s 再启动 M3 将摇臂夹紧，其延时时间视从 M2 停转到摇臂静止的时间长短而定。KT 为断电延时类型，在进行电路分析时应注意。

如上所述，摇臂松开由行程开关 SQ2 发出信号，而摇臂夹紧后由行程开关 SQ3 发出信号。如果夹紧机构的液压系统出现故障，摇臂夹不紧；或者因 SQ3 的位置安装不当，在摇臂已夹紧后 SQ3 仍不能动作，则 SQ3 的动断触点(1—17)长时间不能断开，使液压泵电动机 M3 出现长期过载，因此 M3 须由热继电器 FR2 进行过载保护。

摇臂升降的限位保护由行程开关 SQ1 实现，SQ1 有两对动断触点：SQ1—1(5—6)实现上限位保护，SQ1—2(7—6)实现下限位保护。

3）主轴箱和立柱松、紧的控制

主轴箱和立柱的松、紧是同时进行的，SB5 和 SB6 分别为松开与夹紧控制按钮，由它们点动控制，KM4、KM5 控制 M3 的正、反转。由于 SB5、SB6 的动断触点(17—20—21)串联在 YV 线圈支路中，所以在操作 SB5、SB6 使 M3 点动作的过程中，电磁阀 YV 线圈不吸合，液压泵供出的压力油进入主轴箱和立柱的松开、夹紧油腔，推动松、紧机构实现主轴箱和立柱的松开、夹紧。同时由行程开关 SQ4 控制指示灯发出信号：主轴箱和立柱夹紧时，SQ4 的动断触点(201—202)断开而动合触点(201—203)闭合，指示灯 HL1 灭而 HL2 亮；反之，在松开时 SQ4 复位，HL1 亮而 HL2 灭。

（3）辅助电路

包括照明和信号指示电路。照明电路的工作电压为安全电压 36 V，信号指示灯的工作电压为 6 V，均由控制变压器 TC 提供。

2.2.2　Z3040 型摇臂钻床控制线路故障检修

Z3040 型摇臂钻床控制电路的独特之处，在于其摇臂升降及摇臂、立柱和主轴箱松开与夹紧的电路部分，下面主要分析这部分电路的常见故障。

1　摇臂不能松开

摇臂做升降运动的前提是摇臂必须完全松开。摇臂和主轴箱、立柱的松、紧都是通过液压泵电动机 M3 的正反转来实现的，因此先检查一下主轴箱和立柱的松、紧是否正常。如果正常，则说明故障不在两者的公共电路中，而在摇臂松开的专用电路上。如时间继电器 KT 的线圈有无断线，其动合触点(1—17)、(13—14)在闭合时是否接触良好，限位开关 SQ1 的触点 SQ1—1(5—6)、SQ1—2(7—6)有无接触不良，等等。

如果主轴箱和立柱的松开也不正常，则故障多发生在接触器 KM4 和液压泵电动机 M3 这部分电路上。如 KM4 线圈断线、主触点接触不良，KM5 的动断互锁触点(14—15)接触不良等。如果是 M3 或 FR2 出现故障，则摇臂、立柱和主轴箱既不能松开，也不能夹紧。

2　摇臂不能升降

除前述摇臂不能松开的原因之外，可能的原因还有：

（1）行程开关SQ2的动作不正常，这是导致摇臂不能升降最常见的故障。如SQ2的安装位置移动，使得摇臂松开后，SQ2不能动作，或者是液压系统的故障导致摇臂放松不够，SQ2也不会动作，摇臂就无法升降。SQ2的位置应结合机械、液压系统进行调整，然后紧固。

（2）摇臂升降电动机M2、控制其正反转的接触器KM2、KM3以及相关电路发生故障，也会造成摇臂不能升降。在排除了其他故障之后，应对此进行检查。

（3）如果摇臂是上升正常而不能下降，或是下降正常而不能上升，则应单独检查相关的电路及电器部件（如按钮开关、接触器、限位开关的有关触点等）。

3　摇臂上升或下降到极限位置时，限位保护失灵

检查限位保护开关SQ1，通常是SQ1损坏或是其安装位置移动。

4　摇臂升降到位后夹不紧

如果摇臂升降到位后夹不紧（而不是不能夹紧），通常是行程开关SQ3的故障造成的。如果SQ3移位或安装位置不当，使SQ3在夹紧动作未完全结束就提前吸合，M3提前停转，从而造成夹不紧。

5　摇臂的松紧动作正常，但主轴箱和立柱的松、紧动作不正常

应重点检查：

（1）控制按钮SB5、SB6，其触点有无接触不良，或接线松动。

（2）液压系统出现故障。

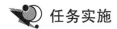任务实施

一、实施步骤

1. 根据图2-19列出所需的元件并填入明细表。

表2-4　元件明细表

序号	代号	名称	型号	规格	数量
1					
2					
3					
4					
5					
6					

2. 按明细表清点各元件的规格和数量，并检查各个元件是否完好无损，各项技术指标符合规定要求。

3. 根据原理图，设计并画出电器布置图，作为电器安装的依据。

4. 按照电器布置图安装固定元件。

5. 根据原理图，设计并画出安装图，作为接线安装的依据。

6. 按图施工,安装接线。

7. 接线完毕,根据图检查布线的正确性,并进行主电路和控制电路的自检。

8. 经检验合格后,通电试车。通电时,必须经指导教师同意,并在现场监护下进行。

9. 通电试车完毕后,切断线路,拆除线路。

二、安装工艺要求

1. 元件安装工艺:安装牢固、排列整齐。

2. 布线工艺:走线集中、减少架空和交叉,做到横平、竖直、转弯成直角。

3. 接线工艺:

    A. 每个接头最多只能接两根线

    B. 平压式接线柱要求作线耳连接,方向为顺时针

    C. 线头露铜部分<2 mm

    D. 电机和按钮等金属外壳必须可靠接地

4. 安全文明生产。

三、验收评价表

表 2-5　XXXX 课题验收评分表

工件编号:＿＿＿＿＿　　班级:＿＿＿＿＿　　姓名:＿＿＿＿＿＿

序号	主要内容	考核要求	评分标准	配分	扣分	得分
1	元件安装	1. 按图纸的要求,正确使用工具和仪表,熟练安装电气元器件 2. 元件在配电板上布置要合理,安装要准确、紧固	1. 元件布置不整齐、不匀称、不合理,每处扣 2 分 2. 元件安装不牢固、漏装螺钉,每处扣 2 分 3. 损坏元件或设备,每次扣 10 分	20		
2	布　线	1. 布线要求横平竖直,接线紧固美观 2. 电源和电动机配要接到端子排上,并注明引出端子标号 3. 不能随意敷设导线	1. 选用导线不合理,每处扣 5 分 2. 不按原理图配线,每处扣 5 分 3. 布线不横平竖直,每处扣 5 分 4. 接点松动、裸铜过长、反圈、毛刺、压绝缘层,每处扣 5 分 5. 损伤导线绝缘或芯线,每根扣 5 分 6. 导线乱敷设扣 30 分	40		
3	通电调试	配线正确, 通电试验正常	1. 热继电器整定值错误,每处扣 5 分 2. 主、控电路配错熔体,每处扣 5 分 3. 通电运行不正常,扣 30 分	30		
4	安全与文明生产	遵守国家相关专业安全文明生产规程	违反安全文明生产规程,扣 5～10 分	10		
备注			合计	100		
			考评员 签字		年　　月　　日	

练习与思考题

1. Z3040 型摇臂钻床电路中,摇臂上升时液压松开无效,且 KT1 线圈不得电,试分析故障可能原因。

2. Z3040 型摇臂钻床电路中,摇臂升降控制、液压松紧控制、立柱与主轴箱空盒子失效,试分析故障可能原因。

3. Z3040 型摇臂钻床电路中,除冷却泵电动机可正常运转外,其余电动机及控制回路均失效,试分析故障可能原因。

项目三　T68镗床电气控制系统的安装与维护

> **项目描述**：以T68镗床电气控制线路分析及故障排除工作任务为载体，通过镗床电气控制线路的分析及故障排除等具体工作任务，引导讲授与具体工作相关联的线路分析、故障排除，加强学生理解能力和故障排除检修能力。

任务3.1　电动机反接制动控制线路的安装与检测

学习目标

1. 知识目标

（1）电气控制系统图的基本知识；

（2）电气控制中的各种保护；

（3）电动机的反接制动控制线路的分析与实现；

（4）电动机的反接制动控制线路的故障诊断与维修。

2. 能力目标

（1）会电气控制系统图的识读与绘制；

（2）会正确判断电器元件的好坏；

（3）会根据电气原理图、接线图正确接线；

（4）会正确分析电动机的反接制动控制线路的原理、故障诊断与故障排除。

任务描述

以电动机的反接制动控制线路的原理分析、安装与维修工作任务为载体，通过实施电气控制线路的分析、设计、装接的具体工作任务，引导讲授与具体工作相关的控制电路的设计分析、接线，加强学生理解能力和检修能力。

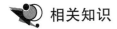

3.1.1 电气控制器件

速度继电器

速度继电器是反映转速和转向的继电器,其作用是以速度的大小为信号与接触器配合,完成对电动机的反接制动控制,故亦称为反接制动继电器。常用的速度继电器有 JY1、JFZ0 系列。

1 速度继电器的外形结构

速度继电器的外形结构及符号如图 3-1 所示。它是由定子、转子、可动支架、触头系统等部分组成。转子由永久磁铁制成,固定在转轴上;定子由硅钢片叠成并装有笼型短路绕组,能做小范围偏转;触头系统有两组转换触头组成,一组在转子正转时动作,一组在转子反转时动作。

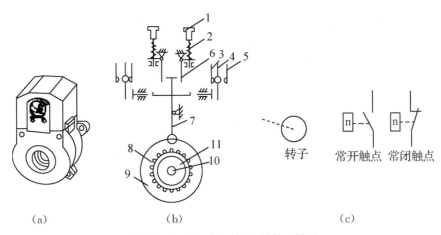

图 3-1 速度继电器外形、结构和符号

(a) 外形 (b) 结构 (c) 符号

1—调节螺钉 2—反力弹簧 3—常闭触头 4—动触头 5—常开触头
6—返回杠杆 7—杠杆 8—定子导条 9—定子 10—转轴 11—转子

2 工作原理

速度继电器的转轴与被控电机的转轴同轴相连,当电机运行时,速度继电器的转子随电动机转子转动,永久磁铁形成旋转磁场,定子中的笼形导条切割磁力线而产生感应电动势,形成感应电流,在磁场的作用下产生电磁转矩,使定子随转子旋转方向偏转,但由于有返回杠杆挡住,故定子只能随转子方向转动一定角度。当定子偏转到一定的角度时,在杠杆 7 的作用下使常闭触点打开,常开触点闭合。当被控电动机转速下降时,速度继电器转子也下降,使电磁转矩减小,当电磁转矩小于反作用弹簧的反作用力时,定子返回原位,速度继电器的触点也恢复原位。

速度继电器的动作转速一般不低于 $100 \sim 300$ r/min,复位转速约在 100 r/min 以下。使用时,应将速度继电器的转子与被控电机同轴相连,而将其触点串联在控制电路中,通过接触器来实现反接制动。

3.1.2 电气控制线路

1 电动机制动的方法

当电动机定子绕组断电后,由于惯性作用,电动机不能马上停止转动。而这种情况对于很多生产机械是不适宜的,如起重机的吊钩需要准确定位,万能铣床要求立即停转等。这就要求对电动机进行制动。常用的制动方法有机械制动和电气制动。机械制动就是利用机械装置使电动机断电后立即停转的方法;常用的方法有电磁报闸制动和电磁离合器制动。电气制动就是使电动机在断电停转的过程中,产生一个和电动机实际转向相反的电磁力矩,迫使电动机迅速停转的方法;常用的方法有反接制动、能耗制动、电容制动和再生制动。

2 反接制动

(1)反接制动原理

反接制动是利用改变电动机电源的相序,使定子绕组产生相反方向的旋转磁场,因而产生制动转矩,迫使电动机迅速停转的一种制动方法。原理图如图 3-2 所示。

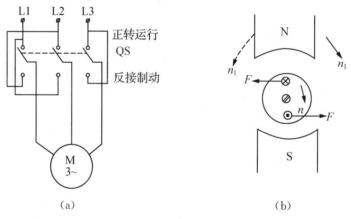

图 3-2 反接制动原理

在图 3-2(a)中,当 QS 向上投合时,电动机定子绕组电源相序为 L1-L2-L3,电动机将沿旋转磁场方向(如图 3-2(b)中顺时针方向)以 $n < n_1$ 的转速正常运转。当电动机需要停转时,可拉开开关 QS,使电动机先脱离电源(此时转子由于惯性仍按原方向旋转),随后,将开关 QS 迅速向下投合,由于 L1、L2 两相电源线对调,电动机定子绕组电源相序变为 L2-L1-L3,旋转磁场反转(如图 3-2(b)中逆时针方向),此时转子将以 $n_1 + n$ 的相对转速沿原转动方向切割旋转磁场,在转子绕组中产生感应电流,其方向用右手定则判断出如图 3-2(b)所示。而转子绕组一旦产生电流又受到旋转磁场的作用产生电磁转矩,其方向由左手定则判断。可见此转矩方向与电动机的转动方向相反,使电动机受制动迅速停转。

值得注意的是,当电动机转速接近于零时,应立即切断电源,否则电动机将反转。

（2）反接制动控制线路

1）单向启动反接制动控制线路如图 3-3 所示。

该线路的主电路和正反转控制线路的主电路相同，只是在反接制动时增加了三个限流电阻 R。线路中 KM1 为正转控制接触器，KM2 为反转控制接触器，KS 为速度继电器，其轴与电动机轴相连。

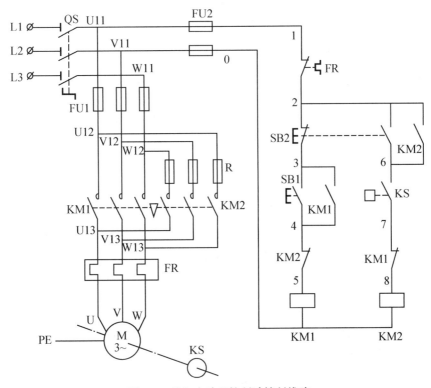

图 3-3　单向启动反接制动控制线路

该线路工作原理如下：合上电源开关 QS，按下正转启动按钮 SB1，KM1 通电并自锁，其常闭触头断开，互锁 KM2 线圈电路，KM1 的主触头闭合，电动机接入正相序电源开始启动，当电动机转速上升到一定值时，KS 的正转常开触头 KS 闭合，为反接制动做准备。需停车时，按下停止按钮 SB2，则 SB2 常闭触头先断开，KM1 线圈失电，电动机线圈断电惯性旋转。SB2 常开触头后闭合，由于此时电动机转子的惯性转速仍然很高，KS 仍闭合，KM1 常闭触头复位后，KM2 线圈随之通电，其常开主触头闭合，电动机串接电阻接上反序电源进行反接制动。转子速度迅速下降，当其转速小于 100 r/min 时，KS 复位，接触器 KM2 释放，反接制动结束。

2）双向启动反接制动控制线路

双向启动反接制动控制线路如图 3-4 所示。

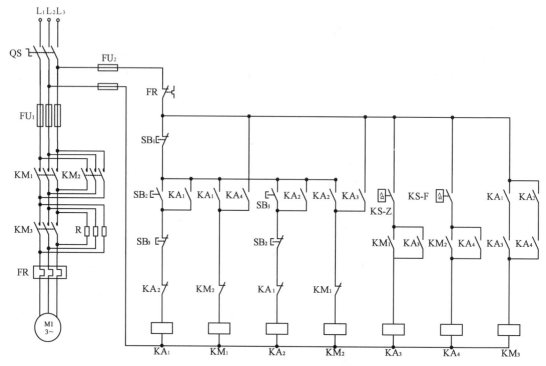

图 3-4　双向启动反接制动控制线路

其工作原理如下：

①按下正向启动按钮 SB2，运行过程如下：中间继电器 KA1 线圈得电，KA1 常开触点闭合并自锁，同时正向接触器 KM1 得电，主触点闭合，电动机正向启动；在刚启动时未达到速度继电器 KV 的动作转速，常开触点 KS-Z 未闭合，中间继电器 KA3 断电，KM3 也处于断电状态，因而电阻 R 串接在电路中限制启动电流；当转速升高后，速度继电器动作，常开触点 KS-Z 未闭合，KM3 线圈得电，其主触点短接电阻 R，电动机启动结束。

②按下停止按钮 SB1，运行过程如下：中间继电器 KA1 线圈失电，KA1 常开触点断开接触器 KM3 线圈电路，电阻 R 再次串接在电动机定子电路限制电流；同时，KM1 线圈失电，切断电动机三相电源；此时电动机转速仍然较高，常开触点 KS-Z 仍闭合，中间继电器 KA3 线圈也还处于得电状态，在 KM1 线圈失电的同时又使得 KM2 线圈得电，主触点将电动机电源反接，电动机反接制动，定子电路一直串联有电阻 R 以限制制动电流；当转速接近零时，速度继电器常开触点 KS-Z 断开，KA3 和 KM2 线圈失电，制动过程结束，电动机停转。

③按下反向启动按钮 SB3，运行过程如下：如果正处于正向运行状态，反向按钮 SB3 同时切断 KA1 和 KM1 线圈；然后中间继电器 KA2 线圈得电，KA2 常开触点闭合并实现自锁，同时正向接触器 KM2 得电，主触点闭合，电动机反向启动；由于原来电动机处于正向运行，所以首先制动。制动结束后，反向速度在未达到速度继电器 KV 的动作转速时，常开触点 KS-F 未闭合，中间继电器 KA4 断电，KM3 也处于断电状态，因而电阻 R 仍串接在电路中限制启动电流；当反向转速升高后，速度继电器动作，常开触点 KS-F 闭合，KM3 线圈得电，其主触点短接电阻 R，电动机反向启动结束。反向制动过程与正向制动过程类似。

任务实施

一、实施步骤

1. 根据图 3-3 列出所需的元件并填入明细表。

表 3-1　元件明细表

序号	代号	名称	型号	规格	数量
1					
2					
3					
4					
5					
6					

2. 按明细表清点各元件的规格和数量,并检查各个元件是否完好无损,各项技术指标符合规定要求。

3. 根据原理图,设计并画出电器布置图,作为电器安装的依据。如图 3-5 所示。

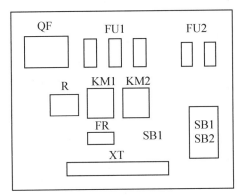

图 3-5　电器布置图

4. 按照电器布置图安装固定元件。

5. 根据原理图,设计并画出安装图,作为接线安装的依据。

6. 按图施工,安装接线。

7. 接线完毕,根据图检查布线的正确性,并进行主电路和控制电路的自检。

8. 经检验合格后,通电试车。通电时,必须经指导教师同意,并在现场监护下进行。

9. 通电试车完毕后,切断线路,拆除线路。

二、安装工艺要求

1. 元件安装工艺:安装牢固、排列整齐。

2. 布线工艺:走线集中、减少架空和交叉,做到横平、竖直、转弯成直角。

3. 接线工艺:

A. 每个接头最多只能接两根线

B. 平压式接线柱要求作线耳连接,方向为顺时针

C. 线头露铜部分<2 mm

D. 电机和按钮等金属外壳必须可靠接地

4. 安全文明生产。

三、验收评价表

表 3-2　XXXX 课题验收评分表

工件编号:＿＿＿＿＿　　班级:＿＿＿＿＿＿　　姓名:＿＿＿＿＿＿

序号	主要内容	考核要求	评分标准	配分	扣分	得分
1	元件安装	1. 按图纸的要求,正确使用工具和仪表,熟练安装电气元器件 2. 元件在配电板上布置要合理,安装要准确、紧固	1. 元件布置不整齐、不匀称、不合理,每处扣 2 分 2. 元件安装不牢固、漏装螺钉,每处扣 2 分 3. 损坏元件或设备,每次扣 10 分	20		
2	布线	1. 布线要求横平竖直,接线紧固美观 2. 电源和电动机配线要接到端子排上,并注明引出端子标号 3. 不能随意敷设导线	1. 选用导线不合理,每处扣 5 分 2. 不按原理图配线,每处扣 5 分 3. 布线不横平竖直,每处扣 5 分 4. 接点松动、裸铜过长、反圈、毛刺、压绝缘层,每处扣 5 分 5. 损伤导线绝缘或芯线,每根扣 5 分 6. 导线乱敷设扣 30 分	40		
3	通电调试	配线正确,通电试验正常	1. 热继电器整定值错误,每处扣 5 分 2. 主、控电路配错熔体,每处扣 5 分 3. 通电运行不正常,扣 30 分	30		
4	安全与文明生产	遵守国家相关专业安全文明生产规程	违反安全文明生产规程,扣 5～10 分	10		
备注			合计	100		
		考评员签字	年　　月　　日			

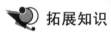 拓展知识

能耗制动

能耗制动是电动机脱离三相交流电源后,立即给定子绕组的任意两相通入直流电源,迫使电动机迅速停转的一种制动方法。

对于10kW以上的电动机多采用有变压器单相桥式整流能耗制动控制线路。其控制线路如图3-6所示,其中直流电源由单相桥式整流器VC供给,TC是整流变压器,电阻R是用来调节直流电流的,从而调节制动强度,整流变压器一次侧与整流器的支流侧同时进行切换,有利于提高触头的使用寿命。

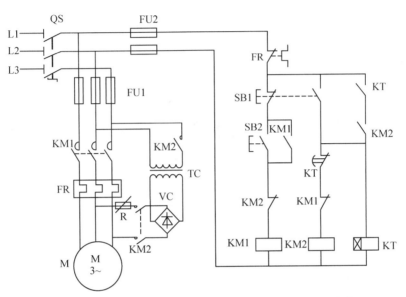

图3-6　有变压器单相桥式整流单相启动能耗制动控制线路

线路的原理如下:先合上电源开关QS。

单向启动:

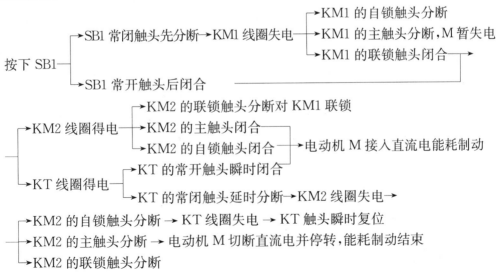

图3-6中KT的瞬时闭合常开触头的作用是当KT出现线圈断线或机械卡住等故障时,

按下停止按钮 SB2 后能使电动机制动后脱离直流电源。

能耗制动的优点是制动准确、平稳,且能量消耗小,缺点是需要附加直流电源设备,设备费用较高,制动能力较弱,在低速时制动力矩小。因此能耗制动一般用于要求制动准确、平稳的场合,如磨床、立式铣床等控制线路中。

 练习与思考题

1. 简述速度继电器的结构、工作原理及用途。

2. 电动机的制动方法有哪些? 分别用在什么场合?

任务 3.2　三相异步电动机 Y—△ 降压启动控制线路的安装与检测

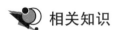 学习目标

1. 知识目标

(1) 电气控制系统图的基本知识;

(2) 电气控制中的各种保护;

(3) 电动机的 Y—△ 降压启动控制线路的分析与实现;

(4) 电动机的 Y—△ 降压启动控制线路的故障诊断与维修。

2. 能力目标

(1) 会电气控制系统图的识读与绘制;

(2) 会正确判断电器元件的好坏;

(3) 会根据电气原理图、接线图正确接线;

(4) 会正确分析电动机 Y—△ 降压启动控制线路的原理、故障诊断与故障排除。

任务描述

以典型的电动机的起保停简单控制线路的原理分析、安装与维修工作任务为载体,通过实施电气控制线路的分析、设计、装接的具体工作任务,引导讲授与具体工作相关的传统继电器控制电路的设计分析、接线,加强学生理解能力和检修能力。

相关知识

3.2.1　电气控制器件

时间继电器

时间继电器用来按照所需时间间隔,接通或断开被控制的电路,以协调和控制生产机械

的各种动作,因此是按整定时间长短进行动作的控制电器。

时间继电器种类很多,按构成原理有:电磁式、电动式、空气阻尼式、晶体管式和数字式等。按延时方式分:通电延时型、断电延时型。下面仅介绍常用的空气阻尼式时间继电器。

JS7-A系列空气阻尼式时间继电器是利用空气通过小孔节流的原理来获得延时的。它由电磁机构、触头系统、气室及传动机构四部分组成。延时方式有通电延时和断电延时两种。当衔铁位于铁芯和延时机构之间时为通电延时型;当铁芯位于衔铁和延时机构之间时为断电延时型。空气阻尼式时间继电器的外形如图3-7所示。

图3-7 JS7-A系列空气阻尼式
时间继电器的外形

1 JS7-A系列空气阻尼式时间继电器的结构

电磁系统由动铁芯(衔铁)、静铁芯和线圈三部分组成。

工作触头 由两对瞬时触头及两对延时触头组成。

气室 气室内有一块橡皮薄膜和活塞随空气量的增减而移动,气室上面的调节螺钉可以调节延时的长短。

传动机构 由杠杆、推板、推杆和宝塔形弹簧等组成。

2 JS7-A系列空气阻尼式时间继电器的工作原理

JS7-A系列空气阻尼式时间继电器的工作原理示意图如图3-8所示。其中图3-8(a)所示为通电延时型,图3-8(b)所示为断电延时型。

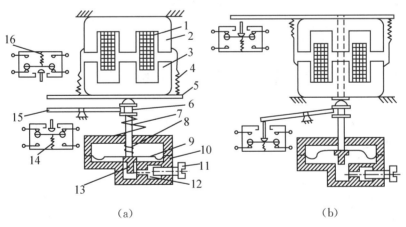

图3-8 JS7-A系列空气阻尼式时间继电器工作原理图

(a)通电延时型 (b)断电延时型

1—线圈 2—铁芯 3—衔铁 4—反力弹簧 5—推板 6—活塞杆 7—塔形弹簧 8—弱弹簧

9—橡皮膜 10—空气室壁 11—调节螺钉 12—进气孔 13—活塞 14,16—微动开关 15—杠杆

(1)通电延时型时间继电器的工作原理

当线圈1通电后,铁芯2产生吸力,衔铁3克服反力弹簧4的阻力与铁芯吸合,带动推板5立即动作,微动开关16被压下,使其常闭触头瞬时断开,常开触头瞬时闭合。同时活塞

杆6在宝塔形弹簧7作用下向上移动,带动与活塞13相连的橡皮膜9向上移动,由于橡皮膜下方的空气稀薄形成负压,起到空气阻尼的作用,因此活塞杆6带动杠杆15只能缓慢向上移动,移动速度由进气孔12的大小而定,可通过调节螺钉11调整。经过一段延时后,活塞13才能移到最上端,并通过杠杆15压动微动开关14,使其常开触点闭合,常闭触点断开。由于从线圈通电到触头动作需延时一段时间,因此微动开关14的两对触头分别被称为延时闭合瞬时断开的常开触头和延时断开瞬时闭合的常闭触头。

当线圈1断电时,衔铁3在反力弹簧4作用下,通过活塞杆6将活塞推向下端,这时橡皮膜9下方气室内的空气通过橡皮膜9、弹簧8和活塞13的局部所形成的单向阀迅速将空气排掉,使微动开关14、16触头复位。

(2)断电延时型时间继电器的工作原理

断电延时型时间继电器的工作原理与通电延时型时间继电器基本相似,在此不再赘述,读者可自行分析。

空气阻尼式时间继电器结构简单、价格低廉、延时范围较大,延时时间为0.4~180s,但精度不高,常用于对延时精度要求不高的场合。

时间继电器的型号含义如下:

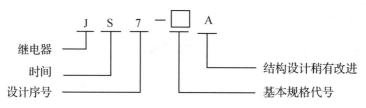

图3-9　时间继电器型号含义

时间继电器在电路图中的符号如图3-10所示。

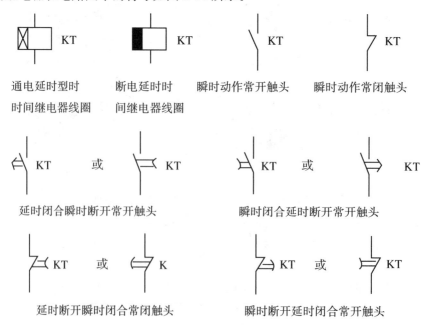

图3-10　时间继电器的符号

3.2.2　电气控制线路

1　降压启动

电动机接通电源后由静止状态逐渐加速到稳定运行状态的过程,称为电动机的启动。若将额定电压直接加到电动机的定子绕组上,使电动机启动旋转,称为全压启动,也称直接启动。全压启动的优点是所用电器设备少、线路简单、维修量较小;缺点是启动电流大,会使电网电压降低而影响其他电器设备的稳定运行。因此较大容量的电动机启动时需采用降压启动。

通常规定:电源容量在 180 kVA 以上,电动机容量在 7 kW 以下的三相异步电动机可采用直接启动。判断一台电动机能否直接启动,可用下面经验公式来确定:

$$\frac{I_{ST}}{I_N} \leqslant \frac{3}{4} + \frac{S}{4P}$$

式中:I_{ST}——电动机全压启动电流,单位为 A;

　　I_N——电动机额定电流,单位为 A;

　　S—— 电源变压器容量,单位为 kVA;

　　P—— 电动机容量,单位为 kW。

满足此条件即可全压启动,否则应采用降压启动。

降压启动是指利用启动设备将电压适当降低后加到电动机的定子绕组上进行启动,待电动机启动运转后,再使其电压恢复到额定值正常运转。降压启动的目的是为了减小启动电流。降压启动适用于空载或轻载下启动。常用的降压启动方法有:定子绕组串电阻降压启动;Y—△降压启动;延边三角形降压启动;自耦变压器降压启动。下面分别介绍定子绕组串电阻降压启动、Y—△降压启动和自耦变压器降压启动。

2　电动机 Y—△降压启动控制线路

星形—三角形(Y—△)降压启动是指电动机启动时,把定子绕组接成星形,以降低启动电压,减小启动电流;待电动机启动后,再把定子绕组改接成三角形,使电动机全压运行。Y—△启动只能用于正常运行时定子绕组作△形连接的异步电动机。电动机启动时接成星形,加在每一相定子绕组的启动电压只有△形接法的 $1/\sqrt{3}$,启动电流是△形接法的 1/3,启动转矩也只有△形接法的 1/3。所以 Y—△降压启动只适用于轻载或空载下启动。常用的Y—△降压启动控制线路如图 3-11 所示。

该线路由三个接触器、一个热继电器、一个时间继电器和两个按钮组成。时间继电器 KT 用作控制 Y 形降压启动和完成 Y—△自动切换。

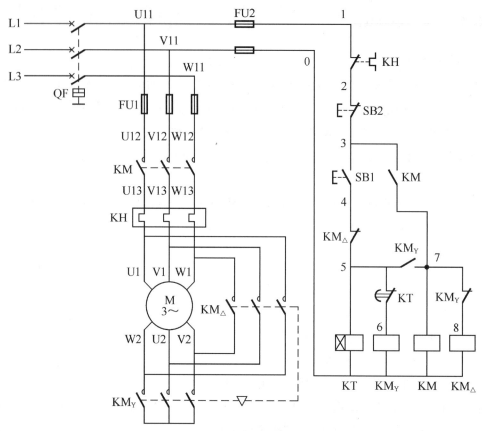

图 3-11　星形—三角形降压启动控制电路图

电路的工作原理如下:

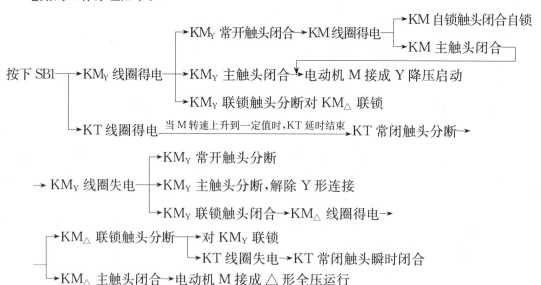

任务实施

一、实施步骤

1. 根据图 3-11 列出所需的元件并填入明细表。

表 3-3　元件明细表

序号	代号	名称	型号	规格	数量
1	M	三相异步电机	Y112M-4	4 kW、380 V、△接法、8.8 A、1 440 r/min	1
2	QS	组合开关	HZ10-25/3	三极、25 A	1
3	FU1	熔断器	RL1-60/25	500 V、60 A、配熔体 25 A	3
4	FU2	熔断器	RL1-15/2	500 V、15 A、配熔体 2 A	2
5	KM1、KM2	接触器	CJ10-10	10 A、线圈电压 380 V	2
6	FR	热继电器	JR16-20/3	三极、20 A、整定电流 8.8 A	1
7	KT	时间继电器	JS20	380 V、2 A	1
8	SB1-SB3	按钮	LA10-3H	保护式、380 V、5 A、按钮数 3 位	1
9	XT	接线端子排	JX2-1015	380 V、10 A、15 节	1

2. 按明细表清点各元件的规格和数量,并检查各个元件是否完好无损,各项技术指标符合规定要求。

3. 根据原理图,设计并画出电器布置图,作为电器安装的依据。如下图 3-12 所示。

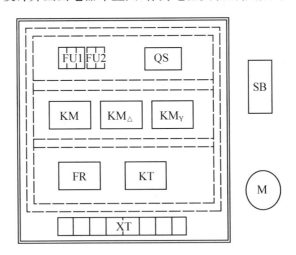

图 3-12　电器布置图

4. 按照电器布置图安装固定元件。

5. 根据原理图,设计并画出安装接线图,作为接线安装的依据。如下图 3-13 所示。

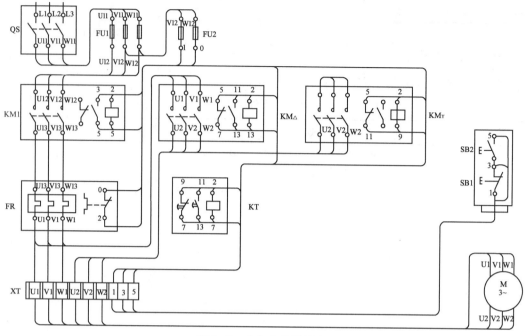

图 3-13　电气安装接线图

6. 按图施工,安装接线。

7. 接线完毕,根据图检查布线的正确性,并进行主电路和控制电路的自检。

8. 经检验合格后,通电试车。通电时,必须经指导教师同意,并在现场监护下进行。

9. 通电试车完毕后,切断线路,拆除线路。

二、安装工艺要求

1. 元件安装工艺:安装牢固、排列整齐。

2. 布线工艺:走线集中、减少架空和交叉,做到横平、竖直、转弯成直角。

3. 接线工艺:

    A. 每个接头最多只能接两根线

    B. 平压式接线柱要求作线耳连接,方向为顺时针

    C. 线头露铜部分<2 mm

    D. 电机和按钮等金属外壳必须可靠接地

4. 安全文明生产。

三、验收评价表

表 3-4　XXXX 课题验收评分表

工件编号：＿＿＿＿＿＿　　班级：＿＿＿＿＿＿　　姓名：＿＿＿＿＿＿

序号	主要内容	考核要求	评分标准	配分	扣分	得分
1	元件安装	1. 按图纸的要求,正确使用工具和仪表,熟练安装电气元器件 2. 元件在配电板上布置要合理,安装要准确、紧固	1. 元件布置不整齐、不匀称、不合理,每处扣 2 分 2. 元件安装不牢固、漏装螺钉,每处扣 2 分 3. 损坏元件或设备,每次扣 10 分	20		
2	布　线	1. 布线要求横平竖直,接线紧固美观 2. 电源和电动机配要接到端子排上,并注明引出端子标号 3. 不能随意敷设导线	1. 选用导线不合理,每处扣 5 分 2. 不按原理图配线,每处扣 5 分 3. 布线不横平竖直,每处扣 5 分 4. 接点松动、裸铜过长、反圈、毛刺、压绝缘层,每处扣 5 分 5. 损伤导线绝缘或芯线,每根扣 5 分 6. 导线乱敷设扣 30 分	40		
3	通电调试	配线正确, 通电试验正常	1. 热继电器整定值错误,每处扣 5 分 2. 主、控电路配错熔体,每处扣 5 分 3. 通电运行不正常,扣 30 分	30		
4	安全与文明生产	遵守国家相关专业安全文明生产规程	违反安全文明生产规程,扣 5～10 分	10		
			合计	100		
备注			考评员签字　　　　　　年　　月　　日			

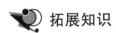 拓展知识

三项异步电动机的其他降压启动方法

1　定子绕组串电阻降压启动控制线路

定子绕组串电阻降压启动是指电动机启动时,把电阻串接在电动机的定子绕组与电源之间,通过电阻分压作用来降低定子绕组上的启动电压。待电动机启动后,再将电阻短接,使其电压恢复到额定值正常运行。时间继电器控制电动机定子绕组串电阻降压启动控制线路如图 3-14 所示。

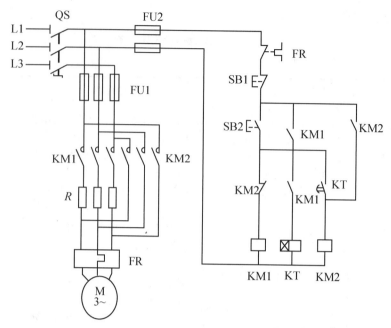

图 3-14 时间继电器控制电动机定子绕组串电阻降压启动控制线路

线路的工作原理如下:先合上电源开关 QS。

启动:

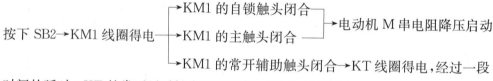

时间的延时→KT 的常开延时触头延时闭合→KM2 线圈得电→

```
        ┌→KM2 的自锁触头闭合自锁─────────┐
        │                              ├→电动机 M 全压运行
        ├→KM2 的主触头闭合,电阻 R 被短接─┘
        │
        └→KM2 的联锁触头先分断对 KM1 联锁 → KM1 线圈失电 → KM1 的触头全部复位分
```

断→KT 线圈失电→KT 的常开触头瞬时分断

停止:按下 SB1 即可

串电阻降压启动的缺点是减小了电动机的启动转矩,同时启动时在电阻上的功率消耗也较大,故在目前的实际生产中,这种降压启动方法正在逐步减少。

2 自耦变压器降压启动控制线路

自耦变压器降压启动是利用自耦变压器来降低启动时加在电动机定子绕组上的电压,以达到限制启动电流的目的。电动机启动时,电动机定子绕组上得到的电压是自耦变压器的二次侧电压,一旦启动完毕,自耦变压器便被切除,额定电压直接加到定子绕组上,电动机进入全压运行状态。时间继电器自动控制补偿器降压启动控制线路如图 3-15 所示。

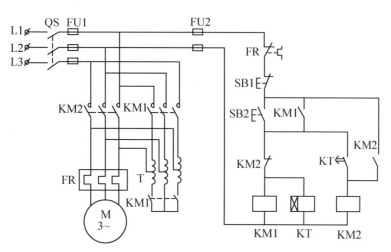

图 3-15 时间继电器自动控制补偿器降压启动控制线路

图中启动时,接触器 KM1 工作,三相电源通过其主触点接入自耦变压器的原边,同时 KM1 辅助常开触点闭合,使电源通过自耦变压器的副边接入电动机的定子绕组。全压运行时,接触器 KM2 工作,接触器 KM1 不工作,使自耦变压器完全脱离电路。

自耦变压器降压启动的优点是启动转矩和启动电流可以调节,缺点是设备庞大,成本较高。

🎯 练习与思考题

1. 什么叫降压启动? 三相鼠笼式异步电动机常采用哪些降压启动方式?

2. 一电动机 Y—△接法,允许轻载启动,设计满足下列要求的控制电路。

(1) 采用手动和自动控制降压启动;

(2) 实现连续运转和点动工作,且当点动工作时要求处于降压状态工作。

(3) 具有必要的联锁和保护环节。

3. 有一输送带采用 50kW 电动机进行拖动,试设计其控制电路。设计要求:

(1) 电动机采用 Y—△降压启动控制;

(2) 采用两地控制方式;

(3) 加装启动预告装置;

(4) 至少有一个现场紧停开关。

任务 3.3　T68 镗床电气控制系统的分析与故障检修

学习目标

1. 知识目标

（1）电气控制系统图的基本知识；

（2）电气控制中的各种保护；

（3）能够正确识读常用机床控制线路；

（4）能够准确对机床控制线路进行接线；

（5）能够快速准确判断机床常见故障。

2. 能力目标

（1）会识读与绘制电气控制系统图；

（2）会正确判断电器元件的好坏；

（3）会根据电气原理图、接线图正确接线；

（4）会电路的检查；

（5）会正确分析机床控制线路的原理、故障诊断与故障排除。

任务描述

以典型的电动机的起保停简单控制线路的原理分析、安装与维修工作任务为载体，通过实施电气控制线路的分析、设计、装接的具体工作任务，引导讲授与具体工作相关的传统继电器控制电路的设计分析、接线，加强学生理解能力和检修能力。

相关知识

3.3.1　T68 镗床控制线路分析

镗床是一种精密加工机床，主要用于加工精确的孔和孔间距离要求较为精确的零件。镗床按不同用途，可分为卧式镗床、立式镗床、坐标镗床和专用镗床等。在生产中使用较为广泛的是卧式镗床。下面以 T68 卧式镗床为例进行分析。

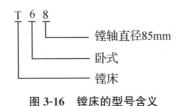

图 3-16　镗床的型号含义

1　镗床的主要结构和运动

（1）T68 卧式镗床的结构

T68 卧式镗床的结构如图 3-17 所示，主要由床身、前立柱、镗头架、后立柱、尾座、下溜板、上溜板、工作台等部分组成。

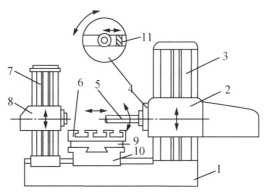

图 3-17　T68 卧式镗床机构示意图

1—床身　2—镗头架　3—前立柱　4—平旋盘　5—镗轴

6—工作台　7—后立柱　8—尾座　9—上溜板　10—下溜板　11—刀具溜板

（2）T68 卧式镗床的运动形式

1）主运动：主轴的旋转与平旋盘的旋转运动。

2）进给运动：主轴在主轴箱中的进出进给；平旋盘上刀具的径向进给；主轴箱的升降，即垂直进给；工作台的横向和纵向进给。这些进给运动都可以进行手动或机动。

3）辅助运动：回转工作台的转动；主轴箱、工作台等的进给运动上的快速调位移动；后立柱的纵向调位移动；尾座的垂直调位移动。

2　电力拖动方式和控制要求

（1）电力拖动方式

镗床加工范围广，运动部件多，调速范围宽。而进给运动决定了切削量，切削量又与主轴转速、刀具、工件材料、加工精度等有关。所以一般卧式镗床主运动与进给运动由一台主轴电动机拖动，由各自传动链传动。为缩短辅助时间，镗头架上、下，工作台前、后、左、右及镗轴的进、出运动除工作进给外，还应有快速移动，由快速移动电动机拖动。

（2）控制要求

1）主轴旋转与进给量都有较大的调速范围，主运动与进给运动由一台电动机拖动，为简化传动机构采用双速箱型异步电动机拖动。

2）由于各种进给运动都需正反不同方向的运转，所以要求主电动机能正、反转。

3）为满足加工过程中调整工作的需要，主电动机应能实现正转，以及反转的点动控制。

4）要求主轴停车迅速、准确，主电动机应有制动停车环节。

5）主轴变速和进给变速在主电动机停车或运转时进行。为便于变速时齿轮啮合，应有变速低速冲动。

6）为缩短辅助时间,各进给方向均能快速移动,设有快速移动电动机且采用正、反转的点动控制方式。

7）主电动机为双速电动机,有高、低两种速度可供选择,高速运转时应先经低速再进入高速。

8）由于卧式镗床运动部件较多,应有必要的联锁和保护环节。

3　控制电路分析

（1）主电路分析

T68 卧式镗床电气原理图如图 3-18 所示。电源经低压断路器 QS 引入,M1 为主电动机,由接触器 KM1、KM2 控制其正反转;KM4 控制 M1 低速运转(定子绕组接成三角形,为4极),KM5 控制 M1 高速运转(定子绕组接成双星形,为 2 极);KM3 控制 M1 反接制动限流电阻。M2 为快速移动电机,由 KM6、KM7 控制其正反转。热继电器 FR 作 M1 过载保护,M2 为短时运行不需要过载保护。

（2）控制电路分析

由控制变压器 TC 供给 220 V 控制电路电压,12 V 局部照明电压及 6.3 V 指示电路电压。

1）M1 主电动机的点动控制

由主电动机正反转接触器 KM1、KM2,正反转点动按钮 SB4、SB5 组成 M1 电动机正反转点动控制电路。以正向点动为例,合上电源开关 QS,按下 SB4 按钮,KM1 线圈通电,主触头接通三相正相序电源,KM1(3-13)闭合,KM4 线圈通电,电动机 M1 三相绕组结成三角形,串入电阻 R 低速启动。由于 KM1、KM4 此时都不能自锁故为点动,当松开 SB3 按钮时,KM1、KM4 相继断电,M1 断电而停车。反向点动,由 SB5、KM2 和 KM4 控制。其原理与正向点的相似。

2）M1 电动机正反转控制

M1 电动机正反转由正反转启动按钮 SB2、SB3 操作,由中间继电器 KA1、KA2 及正反转接触器 KM1、KM2,并配合接触器 KM3、KM4、KM5 来完成 M1 电动机的可逆运行控制。M1 电动机启动前,主轴变速,进给变速均已完成,即主轴与进给变速手柄置于推合位置,此时行程开关 SQ3、SQ4 被压下,触头 SQ3(4－9),SQ4(9－10)闭合。当选择 M1 低速运转时,将主轴速度选择手柄置于"低速"挡位,此时经速度选择手柄联动机构使高低速行程开关 SQ7 处于释放状态,其触头 SQ(11－12)断开。按下 SB2,KA1 通电并自锁,触头 KA1(10－11)闭合,使 KM3 通电吸合;触头 KM3(4－17)闭合与 KA1(14－17)闭合,使 KM1 线圈通电吸合,触头 KM1(3－13)闭合又使 KM4 线圈通电。于是,M1 电动机定子绕组接成三角形,接入正相序三相交流电源全压启动低速正向运行。反向低速启动运行是由 SB3、KA2、KM3、KM2 和 KM4 控制的,其控制过程与正向低速运行相类似,此处不再赘述。

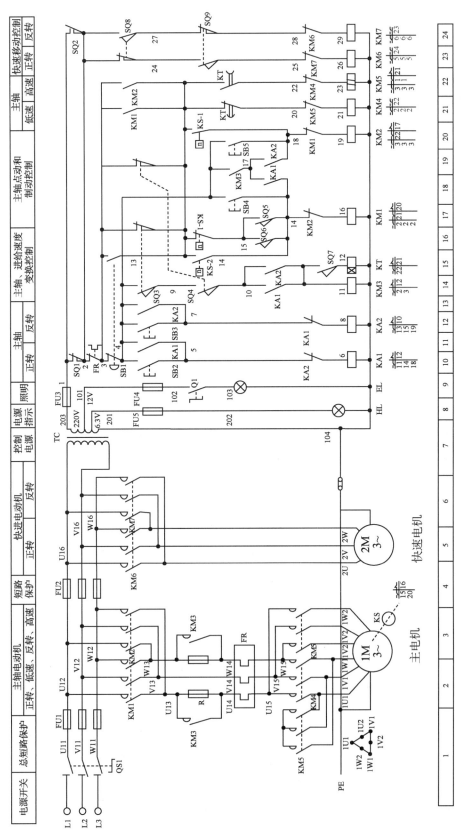

图3-18 T68卧式镗床电气原理图

3）M1 电动机高低速的转换控制

行程开关 SQ7 是高低速的转换开关，即 SQ7 的状态决定 M1 是在三角形接线下运行还是在双星形接线下运行。SQ7 的状态是由主轴孔盘变速机构机械控制，高速时 SQ7 被压动，低速时 SQ7 不被压动。以正向高速启动为例，来说明高低速转换控制过程。将主轴速度选择手柄置于"高速"挡，SQ7 被压动，触头 SQ7（11—12）闭合。按下 SB2 按钮，KA1 线圈通电并自锁，相继使 KM3、KM1 和 KM4 通电吸合，控制 M1 电动机低速正向启动运行；在 KM3 线圈得电的同时 KT 线圈通电吸合，待 KT 延时时间到，触头 KT（13—20）断开使 KM4 线圈断电释放，触头 KT（13—22）闭合使 KM5 线圈通电吸合，这样，使 M1 定子绕组由三角形接法自动换接成双星形接线，M1 自动由低速变为高速运行。由此可知，主电动机在高速挡为两级启动控制，以减少电动机高速挡启动时的冲击电流。反向高速挡启动运行，是由 SB3、KA2、KM3、KT、KM2、KM4 和 KM5 控制的，其控制过程与正向高速启动运行相类似。

4）M1 电动机的停车的制动控制

由 SB1 停止按钮、KS 速度继电器、KM1 和 KM2 组成了正反向反接制动控制电路。下面仍以 M1 电动机正转运行时的停车反接制动为例加以说明。若 M1 为正转低速运行，即由按钮 SB2 操作，由 KA1、KM3、KM1 和 KM4 控制使 M1 运转。欲停车时，按下停止按钮 SB1，使 KA1、KM3、KM1 和 KM4 相继断电释放。由于电动机 M1 正转时速度继电器 KS-1（13—18）触头闭合，所以按下 SB1 后，使 KM2 线圈通电并自锁，并使 KM4 线圈仍通电吸合。此时 M1 定子绕组仍接成三角形，并串入限流电阻 R 进行反接制动，当速度降至 KS 复位转速时 KS-1（13—18）断开，使 KM2 和 KM4 断电释放，反接制动结束。若 M1 为正向高速运行，即由 KA1、KM3、KM1、KM5 控制下使 M1 运转。欲停车时，按下 SB1 按钮，使 KA1、KM3、KM1、KT、KM5 线圈相继断电，于是 KM2 和 KM4 通电吸合，此时 M1 定子绕组接成三角形，并串入不对称电阻 R 反接制动。M1 电动机的反向高速或低速运行时的反接制动，与正向的类似。都使 M1 定子绕组接成三角形接法，串入限流电阻 R 进行，由速度继电器控制。

5）主轴的变速控制

主轴的各种转速是由变速操纵盘来调节变速传动系统而取得的。在主轴运转时，如果要变速，可不必停车。只要将主轴变速操纵盘的操作手柄拉出，与变速手柄有机械联系的行程开关 SQ1、SQ2 均复位。控制过程如下。将变速手柄拉出来 SQ3 复位，SQ3 常开触头断开，KM3 和 KT 线圈都断电，KM1 线圈断电，KM4 线圈断电，电动机 M1 断电惯性旋转。SQ3 常闭触头（3—13）闭合，由于此时转速较高，故 KS-1 常开触头为闭合状态，KM2 线圈通电，KM4 线圈通电，电动机 M1 接成三角形进行制动，当转速降到 100 r/min 时，速度继电器 KS 释放，KS-1（13—18）常开触头由接通变为断开，KM2、KM4 线圈断电，断开电动机 M1 反向电源，制动结束。转动变速盘进行变速，变速后将手柄推回 SQ3 被重新压合，SQ3 常闭触头（3—13）断开，SQ3 常开触头（4—9）闭合，KM1、KM3、KM4 线圈获电吸合，电动机 M1 启动，主轴以新选定的速度运转。

6）主轴的变速冲动控制

SQ6为主轴变速冲动行程开关，在不进行变速时，SQ6的常开触头（14—15）是断开的；在变速时，如果齿轮未啮合好，变速手柄就合不上，则SQ6被压合，SQ6的常开触头（14—15）闭合，KM1线圈得电，KM4线圈得电，M1串电阻低速启动，当电动机M1的转速升至120 r/min时，KS-1速度继电器动作，其常闭触头（13—15）断开，KM1、KM4线圈断电，KS-1（13—18）常开触头闭合，KM2线圈得电，KM4线圈得电，电动机M1接成三角形进行反接制动，电动机转速下降，当转速降到100 r/min时，速度继电器KS复位，KS-1（13—18）常开触头断开，KM2、KM4线圈断电，电动机M1断开制动电源。当转速降到100 r/min时，KS-1（13—15）重新闭合，从而又接通低速旋转电路而重复上述过程。这样，主轴电动机就被间歇性的启动和制动而低速旋转，以便齿轮顺利啮合。直到齿轮啮合好，手柄推上后，压下行程开关SQ3，松开SQ6，将冲动电路切断。同时由于SQ3的常开触头闭合，主轴电动机启动旋转，从而主轴获得所选定的转速。

7）进给变速冲动

与上述主轴变速冲动的过程基本相似，只是在进给变速控制时，拉动的是进给变速手柄，动作的行程开关是SQ4、SQ5。

8）快速移动控制

主轴箱的垂直进给、工作台的纵向和横向进给、主轴的轴向进给的快速移动，手柄操作是由M2正反转来实现的。将快速手柄扳到正向位置，SQ9压下，KM6线圈通电吸合，M2正转，使相应部件正向快速移动。反之，若将快速手柄扳到反向位置，则SQ8压下，KM7线圈通电吸合，M2反转，相应部件获得反向快速移动。

（3）联锁保护环节分析

1）主轴箱或工作台与主轴机进给联锁。为了防止在工作台或主轴箱机动进给时出现将主轴或平旋盘刀具溜板也扳到机动进给的误操作，安装有与工作台、主轴箱进给操纵手柄有机械联动的行程开关SQ1，在主轴箱上安装了与主轴进给手柄、平旋盘刀具溜板进给手柄有机械联动的行程开关SQ2。若工作台或主轴箱的操作手柄扳在机动进给时，压下SQ1，其常闭触头SQ1（1—2）断开；若主轴或平旋盘刀具溜板进给操纵手柄在机动进给时，压下SQ2，其常闭触头SQ6（1—2）断开，所以，当这两个进给操作手柄中的任一个扳在机动进给位置时，电动机M1和M2都可启动运行。但若两个进给操作手柄同时扳在机动进给位置时，SQ1、SQ2常闭触头都断开，切断了控制电路电源，电动机M1、M2无法启动，也就避免了误操作造成事故的危险，实现了联锁保护作用。

2）M1电动机正反转控制、高低速控制，M2电动机的正反转控制均设有互锁控制环节。

3）熔断器FU1-FU4实现短路保护；热继电器FR实现M1过载保护；电路采用按钮、接触器或继电器构成的自锁环节具有欠电压与零电压保护作用。

（4）辅助电路分析

T68型卧式镗床设有12 V安全电压局部照明灯EL，由开关QS手动控制。电路还设有6.3 V电源指示灯HL。

3.3.2　T68 镗床常见故障的分析与诊断

镗床常见电气故障的诊断与其他机床大致相同,但由于镗床的机-电联锁较多,且采用双速电动机,所以会有一些特有的故障,现举例分析如下。

1　主轴的转速与标牌的指示转速不符

这种故障一般有两种现象:第一种是主轴的实际转速比标牌指示转数增加或减少一倍,第二种是电动机 M1 只有高速或只有低速。前者大多是由于安装调整不当而引起的。T68型镗床有 18 种转速,是由双速电动机和机械滑移齿轮联合调速来实现的。第 1,2,4,6,8,..挡是由电动机以低速运行驱动的,而 3,5,7,9,……挡是由电动机以高速运行来驱动的。由以上分析可知,电动机 M1 的高低速转换时靠主轴变速手柄推动微动开关 SQ7,由 SQ7 的动合触点(11-12)通、断来实现的。如果安装调整不当,使 SQ7 的动作恰好相反,则会发生第一种故障。而产生第二种故障的主要原因是 SQ7 损坏(或安装位置移动)。如果 SQ7 的动合触点(11-12)总是接通,则电动机 M1 只有低速。此外,KT 的损坏(如线圈烧断,触点不动作等),也会造成此类故障发生。

2　电动机 M1 能低速启动,但置"高速"挡时,不能高速运行而自动停机

电动机 M1 能低速启动,说明接触器 KM3、KM1、KM4 工作正常;而低速启动后不能换成高速运行且自动停机,又说明时间继电器 KT 是工作的,其动断触点(13-20)能切断 KM4S 线圈支路,而动合触点(13-22)不能接通 KM5 线圈支路。因此,应重点检查 KT 的动合触点(13-22);此外还应检查 KM4 的互锁动断触点(22-23)。按此思路,接下去还应检查 KM5 有无故障。

3　电动机 M1 不能进行正反转点动、制动及变速冲动控制

其原因往往是上述各种控制功能的公共电路部分出现故障,如果伴随着不能低速运行,则故障可能出在控制电路 13-20-21-0 支路中有断点。否则,故障可能出在主电路的制动电阻器 R 及引线上有断开点。如果主电路仅断开一相电源,电动机还会伴有断相运行时发出的"嗡嗡"声。

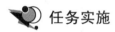 **任务实施**

一、实施步骤

1. 根据图 3-18 列出所需的元件并填入明细表。

表 3-5　元件明细表

序号	代号	名称	型号	规格	数量
1					
2					
3					

续表

序号	代号	名称	型号	规格	数量
4					
5					
6					

2. 按明细表清点各元件的规格和数量，并检查各个元件是否完好无损，各项技术指标符合规定要求。

3. 根据原理图，设计并画出电器布置图，作为电器安装的依据。

4. 按照电器布置图安装固定元件。

5. 根据原理图，设计并画出安装图，作为接线安装的依据。

6. 按图施工，安装接线。

7. 接线完毕，根据图检查布线的正确性，并进行主电路和控制电路的自检。

8. 经检验合格后，通电试车。通电时，必须经指导教师同意，并在现场监护下进行。

9. 通电试车完毕后，切断线路，拆除线路。

二、安装工艺要求

1. 元件安装工艺：安装牢固、排列整齐。

2. 布线工艺：走线集中、减少架空和交叉，做到横平、竖直、转弯成直角。

3. 接线工艺：

　　A. 每个接头最多只能接两根线

　　B. 平压式接线柱要求作线耳连接，方向为顺时针

　　C. 线头露铜部分＜2 mm

　　D. 电机和按钮等金属外壳必须可靠接地

4. 安全文明生产。

三、验收评价表

表3-6　**XXXX课题验收评分表**

工件编号：_____　　班级：_____　　姓名：_____

序号	主要内容	考核要求	评分标准	配分	扣分	得分
1	元件安装	1. 按图纸的要求，正确使用工具和仪表，熟练安装电气元器件 2. 元件在配电板上布置要合理，安装要准确、紧固	1. 元件布置不整齐、不匀称、不合理，每处扣2分 2. 元件安装不牢固、漏装螺钉，每处扣2分 3. 损坏元件或设备，每次扣10分	20		

序号	主要内容	考核要求	评分标准	配分	扣分	得分
2	布　线	1. 布线要求横平竖直,接线紧固美观 2. 电源和电动机配要接到端子排上,并注明引出端子标号 3. 不能随意敷设导线	1. 选用导线不合理,每处扣 5 分 2. 不按原理图配线,每处扣 5 分 3. 布线不横平竖直,每处扣 5 分 4. 接点松动、裸铜过长、反圈、毛刺、压绝缘层,每处扣 5 分 5. 损伤导线绝缘或芯线,每根扣 5 分 6. 导线乱敷设扣 30 分	40		
3	通电调试	配线正确,通电试验正常	1. 热继电器整定值错误,每处扣 5 分 2. 主、控电路配错熔体,每处扣 5 分 3. 通电运行不正常,扣 30 分	30		
4	安全与文明生产	遵守国家相关专业安全文明生产规程	违反安全文明生产规程,扣 5 ~ 10 分	10		
			合计	100		
备注		考评员 签字	年　　月　　日			

 练习与思考题

1. T68 型镗床能低速启动,但不能高速运行,试分析故障的原因。

2. 进给电动机 M2 快速移动正常,主轴电动机 M1 不工作,试分析故障原因。

项目四 桥式起重机电气控制系统的安装与维护

> **项目描述：**以桥式起重机电气控制线路分析及故障排除工作任务为载体，通过桥式起重机电气控制线路的分析及故障排除等具体工作任务，引导讲授与具体工作相关联的线路分析、故障排除，加强学生理解能力和故障排除检修能力。

任务 4.1 绕线式异步电动机控制线路的安装与检测

 学习目标

1. 知识目标

（1）电气控制系统图的基本知识；

（2）电气控制中的各种保护；

（3）绕线式异步电动机控制线路的分析与实现；

（4）绕线式异步电动机控制线路的故障诊断与维修。

2. 能力目标

（1）会识读与绘制电气控制系统图；

（2）会正确判断电器元件的好坏；

（3）会根据电气原理图、接线图正确接线；

（4）会正确分析绕线式异步电动机控制线路的原理、故障诊断与故障排除。

任务描述

以典型的绕线式异步电动机控制线路的原理分析、安装与维修工作任务为载体，通过实施电气控制线路的分析、设计、装接的具体工作任务，引导讲授与具体工作相关联的电器元件及控制电路的设计分析、接线，加强学生理解能力和检修能力。

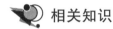

4.1.1 电气控制器件

1 主令控制器

（1）主令控制器的功能及结构

主令控制器是用于频繁地按照预定程序换接控制电路接线的主令电器，用它通过控制接触器来实现电动机的启动、制动、调速和反转。

主令控制器的外形及结构如图 4-1 所示。主令控制器所有的静触头都安装在绝缘板上，动触头固定在转动轴 9 转动的支架 6 上；凸轮鼓由多个凸轮块 1、7 嵌装而成，凸轮块根据触头系统的开闭顺序制成不同角度的几处轮缘，每个凸轮块控制两副触头。

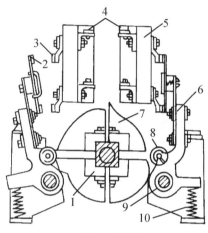

（a）外形   （b）内部结构

图 4-1 主令控制器的外形及结构

1—方形转轴   2—动触头   3—静触头   4—接线柱   5—绝缘板

6—支架   7—凸轮块   8—小轮   9—转动轴   10—复位弹簧

（2）主令控制器的型号含义

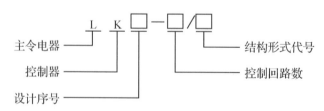

图 4-2 主令控制器的型号含义

（3）LK1-12/90 型主令控制器在电路图中的符号

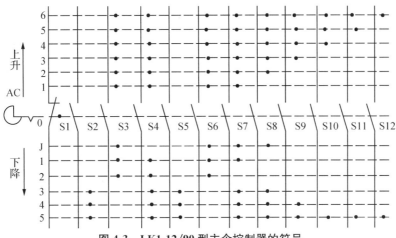

图 4-3 LK1-12/90 型主令控制器的符号

2 凸轮控制器

凸轮控制器是利用凸轮来操作动触头动作的控制器,主要用于控制容量不大于 30kW 的中小型绕线转子异步电动机的启动、调速和换向。具有线路简单,运行可靠,维护方便等优点,在桥式起重机等设备中得到广泛应用。

常用的凸轮控制器有 KTJ1、KTJ15、KT10 及 KT12 等系列。

(1) 凸轮控制器的结构及工作原理

KTJ1-50/1 型凸轮控制器的外形及结构如图 4-4 所示。它主要由手柄或手轮、触头系统、转轴、凸轮和外壳等部分组成。其触头系统共有 12 对触头,9 对常开,3 对常闭。其中,4 对常开触头接在主电路中,用于控制电动机的正反转,配有石棉水泥制成的灭弧罩;其余 8 对触头用于控制电路中,不带灭弧罩。

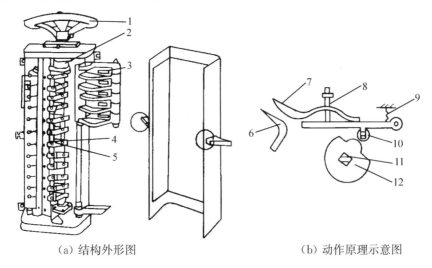

(a) 结构外形图　　　　　　　　　(b) 动作原理示意图

图 4-4 KTJ1 型凸轮控制器的外形及结构图

1—手轮　2、11—转轴　3—灭弧罩　4、7—动触头

5、6—静触头　8—触头弹簧　9—弹簧　10—滚轮　12—凸轮

凸轮控制器的工作原理:动触头与凸轮固定在转轴上,每个凸轮控制一个触头。当转动

手柄时,凸轮随轴转动,当凸轮的凸起部分顶住滚轮时,动、静触头分开;当凸轮的凹处与滚轮相碰时,动触头受到触头弹簧的作用压在静触头上,动、静触头闭合。在方轴上叠装形状不同的凸轮片,可使各个触头按顺序闭合或断开,从而实现不同的控制目的。凸轮控制器的触头分合情况,通常用触头分合表来表示。KTJ1-50/1 型凸轮控制器的触头分合表如图 4-5 所示。图的上面第二行表示手轮的 11 个位置,左侧表示凸轮控制器的 12 对触头。各触头在手轮处与某一位置时的通、断状态用某些符号标记,符号"×"表示对应触头在手轮处于此位置时是闭合的,无此符号表示是分断的。例如:手轮在反转"3"位置时,触头 AC2、AC4、AC5、AC6 及 AC11 处有"×"标记,表示这些触头是闭合的,其余触头是断开的。两触头之间有短接线的(如 AC2~AC3 左边的短接线),表示他们一直是接通的。

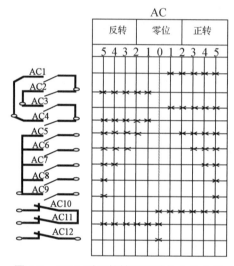

图 4-5 KTJ1 型凸轮控制器的触头分合表

(2)凸轮控制器的型号含义

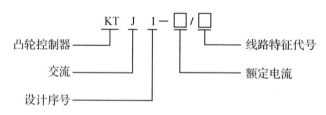

图 4-6 凸轮控制器的型号含义

(3)凸轮控制器的选用

凸轮控制器主要根据所控制电动机的容量、额定电压、额定电流、工作制和控制位置数目等来选择。

(4)凸轮控制器的安装与使用

1)凸轮控制器在安装前应检查外壳及零件有无损坏。

2)安装前应操作控制器手轮不少于 5 次。

3)凸轮控制器必须牢固可靠地用安装螺钉固定在墙壁或支架上。

4）应按照触头分合表或电路图的要求接线。

5）凸轮控制器安装结束后，应进行空载试验。

6）启动操作时，手轮不能转动太快。

3　电流继电器

反映输入量为电流的继电器叫做电流继电器。使用时，电流继电器的线圈串联在被测量的电路中，根据通过线圈电流的大小而动作。电流继电器可分为过电流继电器和欠电流继电器。

（1）过电流继电器

当流过继电器的电流超过预置值时而动作的继电器叫过电流继电器。它主要用于频繁启动和重载启动的场合，作为电动机和主电路的过载和短路保护。常用的有 JT4、JL12 和 JL14 等系列过电流继电器。

JT4 系列为交流通用继电器，在这种继电器的电磁系统上装设不同的线圈，便可制成过电流、欠电流、过电压或欠电压等继电器。

过电流继电器的线圈串接在主电路中，当流过线圈的电流为额定电流值时，衔铁不吸合；当流过线圈的电流超过整定值时，衔铁吸合使触头动作，常闭触头打开，切断接触器线圈电路，使接触器线圈释放，接触器主触头断开，切断主电路，起到保护作用。

（2）欠电流继电器

当流过继电器的电流减小到低于预置值时而动作的继电器叫欠电流继电器。在线路正常工作时，线圈流过额定电流，衔铁处于吸合状态；当负载电流减小至继电器释放电流时，衔铁释放，触头恢复到原始状态。欠电流继电器常用于直流电动机励磁电路和电磁吸盘的弱磁保护。

过电流、欠电流继电器在电路图中的符号如图 4-7 所示。

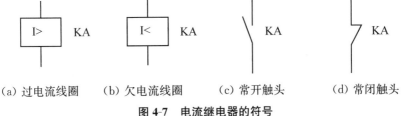

（a）过电流线圈　　（b）欠电流线圈　　（c）常开触头　　（d）常闭触头

图 4-7　电流继电器的符号

电流继电器的型号含义如下：

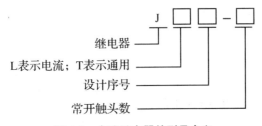

图 4-8　电流继电器的型号含义

4 电压继电器

反映输入量为电压的继电器叫做电压继电器。使用时,电压继电器的线圈并联在被测量的电路中,根据线圈两端电压的大小而动作。电压继电器可分为过电压继电器和欠电压继电器和零压继电器。

过电压继电器是当继电器线圈两端的电压超过预置值时而动作的电压继电器,在电路中主要用于过电压保护,常用的有 JT4-A 系列。在线路正常工作时,线圈两端电压为额定电压,衔铁不吸合,当线圈电压高于其额定电压一定值时,衔铁吸合,带动触头动作,对电路实现过电压保护。

欠电压继电器是当继电器线圈两端的电压降至预置值时而动作的电压继电器。零压继电器是欠电压继电器的一种特殊形式,是当继电器线圈两端的电压降至或接近消失时才动作的电压继电器。在电路中主要用于欠电压保护,常用的有 JT4-P 系列。在线路正常工作时,衔铁吸合,当线圈两端的电压降至低于预置值时,衔铁释放,带动触头动作,对电路实现欠电压或零电压保护。

电压继电器在电路图中的符号如图 4-9 所示。

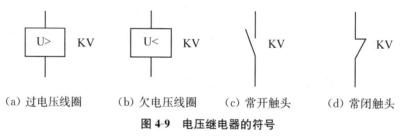

（a）过电压线圈　　（b）欠电压线圈　　（c）常开触头　　（d）常闭触头

图 4-9　电压继电器的符号

电压继电器的型号含义如下:

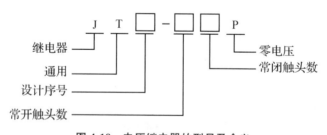

图 4-10　电压继电器的型号及含义

4.1.2　电气控制电路

鼠笼型三相异步电动机的控制,要求必须在轻载或空载的情况下启动,并且要求不频繁启动、制动和反转。但是某些场合,例如起重机、卷扬机等,通常是重载启动,此时鼠笼型三相异步电动机一般不能满足启动要求,那么我们就可以采用绕线转子异步电动机。绕线式异步电机的转子上绕有和定子一样绕组,经过电刷连接。可以通过转子上的滑环外接电阻器来改变转子回路电阻,从而达到减小启动电流、增大启动转距及调节转速的目的。通常用于需要全负荷启动的设备,也用于频繁启动的设备。

1　转子串接三相电阻启动原理

启动时,在转子回路串入作 Y 形连接、分级切换的三相启动电阻器,以减小启动电流、增加启动转矩。随着电动机转速的升高,逐级减小可变电阻。启动完毕后,切除可变电阻器,转子绕组被直接短接,电动机便在额定状态下运行。

电动机转子绕组中串接的外加电阻在每段切除前和切除后,三相电阻始终是对称的,称为三相对称电阻器,如图 4-11(a)所示。启动过程依次切除 $R1$、$R2$、$R3$,最后全部电阻切除。启动时串入的全部三相电阻是不对称的,而每段切除后三相仍不对称,称为三相不对称电阻器,如图 4-11(b)所示。启动过程依次切除 $R1$、$R2$、$R3$、$R4$,最后全部电阻切除。

如果电动机要调速,则将可变电阻调到相应的位置即可,这时可变电阻便成为调速电阻。

图 4-11　转子串接三相电阻

2　绕线式异步电动机的控制线路

时间继电器控制绕线式异步电动机控制线路如图 4-12 所示。

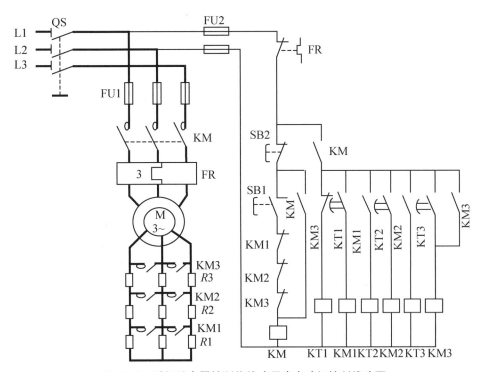

图 4-12　时间继电器控制绕线式异步电动机控制线路图

该控制线路的工作原理如下:

首先合上电源开关 QS。

按下 SB1→KM 线圈得电,KM 触头闭合,绕线转子串联全部电阻启动→KT1 线圈得电,KT1 延时闭合触头闭合→KM1 线圈得电,KM1 触头闭合→绕线转子串联 $R2$、$R3$ 启动

→KT2 线圈得电,KT2 延时闭合触头闭合→KM2 线圈得电,KM2 触头闭合→绕线转子串联 $R3$ 启动→KT3 线圈得电,KT3 延时闭合触头闭合→KM3 线圈得电,KM3 触头闭合→绕线转子切除全部电阻运行→KM3 动断触头断开→KT1 线圈失电,KT1 触头断开→KM1 线圈失电,KM1 触头断开→KT2 线圈失电,KT2 触头断开→电动机继续运转。

接触器 KM1、KM2、KM3 的常闭触头串联在 KM 线圈回路中的作用是,保证电动机在转子回路中电阻全部接入的条件下才能启动。当 KM1、KM2、KM3 的任一个常闭触头因熔断或其他原因没有恢复闭合时,KM 线圈因无通路而不能获电,这样电动机也就不能获电启动。

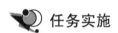 **任务实施**

一、实施步骤

1. 根据图 4-12 列出所需的元件并填入明细表。

表 4-1 元件明细表

序号	代号	名称	型号	规格	数量
1					
2					
3					
4					
5					
6					

2. 按明细表清点各元件的规格和数量,并检查各个元件是否完好无损,各项技术指标符合规定要求。

3. 根据原理图,设计并画出电器布置图,作为电器安装的依据。

4. 按照电器布置图安装固定元件。

5. 根据原理图,设计并画出安装图,作为接线安装的依据。

6. 按图施工,安装接线。

7. 接线完毕,根据图检查布线的正确性,并进行主电路和控制电路的自检。

8. 经检验合格后,通电试车。通电时,必须经指导教师同意,并在现场监护下进行。

9. 通电试车完毕后,切断线路,拆除线路。

二、安装工艺要求

1. 元件安装工艺:安装牢固、排列整齐。

2. 布线工艺:走线集中、减少架空和交叉,做到横平、竖直、转弯成直角。

3. 接线工艺:

   A. 每个接头最多只能接两根线

   B. 平压式接线柱要求作线耳连接,方向为顺时针

   C. 线头露铜部分<2 mm

   D. 电机和按钮等金属外壳必须可靠接地

4. 安全文明生产。

三、验收评价表

表 4-2　XXXX 课题验收评分表

工件编号:＿＿＿＿＿＿　　班级:＿＿＿＿＿＿　　姓名:＿＿＿＿＿＿

序号	主要内容	考核要求	评分标准	配分	扣分	得分
1	元件安装	1. 按图纸的要求,正确使用工具和仪表,熟练安装电气元器件 2. 元件在配电板上布置要合理,安装要准确、紧固	1. 元件布置不整齐、不匀称、不合理,每处扣 2 分 2. 元件安装不牢固、漏装螺钉,每处扣 2 分 3. 损坏元件或设备,每次扣 10 分	20		
2	布　线	1. 布线要求横平竖直,接线紧固美观 2. 电源和电动机配要接到端子排上,并注明引出端子标号 3. 不能随意敷设导线	1. 选用导线不合理,每处扣 5 分 2. 不按原理图配线,每处扣 5 分 3. 布线不横平竖直,每处扣 5 分 4. 接点松动、裸铜过长、反圈、毛刺、压绝缘层,每处扣 5 分 5. 损伤导线绝缘或芯线,每根扣 5 分 6. 导线乱敷设扣 30 分	40		
3	通电调试	配线正确, 通电试验正常	1. 热继电器整定值错误,每处扣 5 分 2. 主、控电路配错熔体,每处扣 5 分 3. 通电运行不正常,扣 30 分	30		
4	安全与文明生产	遵守国家相关专业安全文明生产规程	违反安全文明生产规程,扣 5～10 分	10		
			合计	100		
备注			考评员签字　　　　　年　　　月　　　日			

拓展知识

1 电流继电器控制绕线转子异步电动机启动控制线路

（1）电路图

电流继电器自动控制绕线式异步电动机的控制线路如图 4-13 所示。

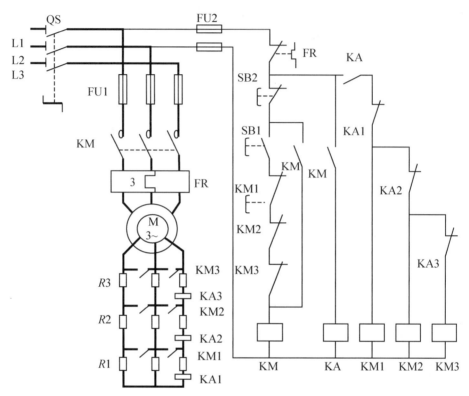

图 4-13　电流继电器自动控制绕线式异步电动机的控制线路

（2）工作原理

合上 QS。

按下 SB1→KM 线圈得电，KM 触头闭合→绕线转子串联全部电阻启动→KA 线圈得电，KA 动合触头闭合，因启动电流大，KA1，KA2，KA3 的动断触头断开，继续串联全部电阻启动→因速度加快，电流减小，KA1 欠电流，动断触头闭合 KM1 线圈得电 KM1 触头闭合串联 $R2，R3$ 继续启动→因速度再加快电流继续减小，KA2 欠电流，动断触头闭合 KM2 线圈得电 KM2 触头闭合串联 $R3$ 继续启动→因速度再加快电流继续减小，KA3 欠电流，动断触头闭合 KM3 线圈得电 KM3 触头闭合切除全部电阻全速运行。

中间继电器 KA 的作用是为 KM1、KM2、KM3 线圈提供通路，而且保证启动开始时，全部电阻都接入转子电路。因为只有中间继电器 KA 获电，且 KA 的常开触头闭合后，才能为电流继电器 KA1、KA2、KA3 的常闭触头提供通路，然后才能逐级短路切除电阻，这样就保证了电动机在串入全部电阻条件下启动。

2　转子绕组串接频敏变阻器启动控制线路

（1）频敏变阻器

1）定义：频敏变阻器是一种阻抗值随频率明显变化、静止的无触点电磁元件。它实质上是一个铁芯损耗非常大的三相电抗器。

2）用途：在电动机启动时，将频敏变阻器串接在转子绕组中，由于频敏变阻器的等效阻抗随转子电流频率的减小而减小，从而达到自动变阻的目的。启动完毕短接切除频敏阻器。

3）符号

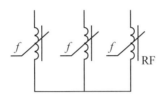

图 4-14　频敏变阻器符号

4）组成：铁芯和绕组

铁芯：有上铁芯和下铁芯。由四根拉进螺栓固定，在上下铁芯之间可增减非磁性垫片，以调整空气隙的长度（出厂设定为零）。

绕组：有四个抽头。一个抽头在绕组背面，标号为 N；另外三个抽头在正面，标号分别为 1、2、3。抽头 1-N 之间为 100％匝数，2-N 之间为 85％匝数，3-N 之间为 71％匝数。（出厂时三组绕组均接在 85％匝数，并接成 Y 形）

5）安装与使用

频敏变阻器应牢固地固定在基座上，当基座为铁磁物质时应在中间垫放 10 mm 以上的非磁性垫片。

连接线应按电动机转子额定电流选用相应截面的电缆线，同时还应可靠接地。

使用前，应先测量频敏变阻器对地绝缘电阻，其值应不小于 1 MΩ，否则需先进行烘干处理。使用中，若发现启动转矩或启动电流过大或过小，应调整期匝数和气隙。具体方法如下：

a. 启动电流和启动转矩过大，启动过快时，应换接抽头，使匝数增加。

b. 启动电流和启动转矩过小，启动太慢时，应换接抽头，使匝数减少。

c. 如刚启动时，启动转矩偏大，有机械冲击现象，而启动完毕后，稳定转速又偏低，这时可在上下铁芯间增加气隙。

（2）转子绕组串接频敏变阻器启动控制线路

1）电路图

转子绕组串接频敏变阻器启动控制线路如图 4-15 所示。

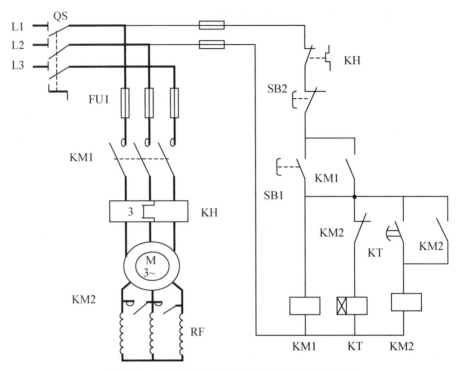

图 4-15 转子绕组串接频敏变阻器启动控制线路

2）工作原理

合上 QS。

按下 SB1 →KM1 线圈得电，KT 线圈得电→KM1 触头闭合电动机串联频敏电阻启动 KT 延时闭合触头闭合→KM2 线圈得电→KM2 触头闭合，切除频敏电阻电动机全速运行→ KM2 常闭触头分断→KT 线圈失电 KT 延时闭合触头复位，电动机继续全速运行。

3 凸轮控制器控制绕线转子异步电动机启动控制线路

（1）电路图

凸轮控制器控制绕线转子异步电动机的控制线路如图 4-16 所示。

各电器元件在电路图中的作用：

QS：电源开关

FU1、FU2：分别作主电路和控制电路的短路保护

KM：控制电动机电源的通断

SQ1、SQ2：电动机正反转时工作机构的限位保护

KA1、KA2：电动机的过载保护

R：电阻器

AC：凸轮控制器有 12 对触头，AC1-AC4 接在主电路控制电动机正反转；AC5-AC9 与转子电阻 R 相接，用来逐级切换电阻以控制电动机的启动和调速；AC10-AC12 用作零位保护。

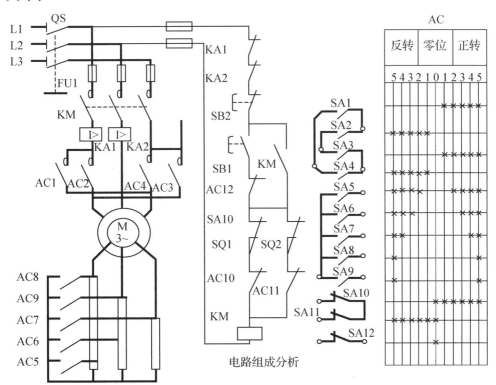

图 4-16　凸轮控制器控制绕线转子异步电动机的控制线路

（2）工作原理

合上 QS，AC10-AC12 闭合，为控制电路的接通做准备。

按下 SB1，KM 得电自锁，为电动机启动做准备。

正转控制：将凸轮控制器 AC 的手轮从"0"位转到正转"1"，AC10 仍闭合，保持控制电路接通；AC1、AC3 闭合，电动机转子绕组串接全部电阻 R 正转启动。此时，如电动机负载较重，则不能启动，但可起到消除传动齿轮间隙和拉紧钢丝绳的作用。

当手轮从正转"1"位转到正转"2"，AC10、AC1、AC3 仍闭合，AC5 闭合，把电阻器的一级电阻短接切除，电动机正转加速。当手轮依次转到正转"3"和"4"时，AC10、AC1、AC3 、AC5 仍闭合，AC6、AC7 先后闭合，把电阻器 R 上的两级电阻相继短接，电动机继续加速正转。当手轮转到正转"5"时，AC5 ～ AC9 五对触头全闭合，转子回路电阻被全部切除，电动机启动完毕进入正常运转。

反转控制：将凸轮控制器 AC 的手轮从"0"位转到反转"1"～"5"位置时，AC2、AC4 闭合，接入电动机的电源相序改变，电动机将反转。反转的控制与正转相似。请学生自行分析。

练习与思考题

1. 主令控制器的结构及工作原理。

2. 凸轮控制器的结构及工作原理。

3. 凸轮控制器控制如何控制绕线式异步电动机的启动控制。

4. 电流继电器、电压继电器的使用方法。

任务4.2 桥式起重机电气控制系统的分析与故障检修

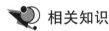 学习目标

1. 知识目标

(1) 电气控制系统图的基本知识；

(2) 电气控制中的各种保护；

(3) 桥式起重机控制线路的原理分析；

(4) 桥式起重机控制线路的故障诊断与维修。

2. 能力目标

(1) 会识读与绘制电气控制系统图；

(2) 会正确判断电器元件的好坏；

(3) 会根据电气原理图、接线图正确接线；

(4) 会正确分析桥式起重机控制线路的原理、故障诊断与故障排除。

任务描述

以桥式起重机电气控制线路的原理分析与故障维修工作任务为载体，通过桥式起重机控制线路的分析及故障排除等具体工作任务，引导讲授与具体工作相关的线路分析、故障排除和电气保护，加强学生理解能力和故障排查检修能力。

相关知识

4.2.1 桥式起重机的电气控制线路分析

1 桥式起重机的结构

起重机是一种用来起吊和下放重物，以及在固定范围内装卸、搬运物料的起重机械。它广泛应用于工矿企业、车站、港口、仓库、建筑工地等场所，是现代化生产不可缺少的机械设备。

桥式起重机主要由桥架、大车运行机构和装有起升、运行机构的小车及电气部分组成。桥式起重机结构简图如同4-17所示。

机架是桥式起重机的基本构件，主要由主梁、端梁和走台等部分组成。主梁上铺设有供小车运行的钢轨，两主梁的外侧装有走台，装有驾驶室一侧的走台为安装及检修大车运行机构而设，另一侧走台为安装小车导电装置而设。在主梁一端的下方悬挂着全视野的驾驶室。

大车运行机构由驱动电机、制动器、减速器和车轮等部件组成。常见的驱动方式有集中

驱动和分别驱动两种,目前我国生产的桥式起重机大多采用分别驱动方式。分别驱动方式指的是用一个控制电路同时对两台驱动电动机、减速装置和制动器实施控制,分别用来驱动安装在桥架两端的大车车轮。

小车由安装在小车架上的运行机构和起升机构组成。小车运行机构也由驱动电动机、减速机、制动器和车轮组成,在小车运行机构的驱动下,小车可沿桥架主梁上的轨道移动。小车起升机构用以吊运重物,它由电动机、减速器、卷筒、制动器组成。起重量超过 10t 时,设两个提升机构:主钩和副钩,一般情况下两个钩不能同时起吊重物。

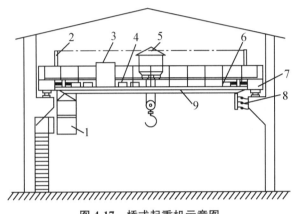

图 4-17 桥式起重机示意图

2 电气控制要求

(1) 起升机构的控制要求

1) 空钩能快速升降,轻载的起升速度应大于额定负载时的起升速度,以减少辅助工作时间;

2) 应具有一定的调速范围,普通起重机调速范围为 3:1,要求较高的起重机调速范围可达 5:1—10:1;

3) 具有适当的低速区,一般在 30% 额定速度内应分为几挡,以便灵活操作;

4) 起升第一挡的作用是为了消除传动间隙,将钢丝绳张紧,我们称之为预备级。这一挡的电动机,启动转矩不能过大,以免产生过强的机械冲击,一般在额定转矩的一半以下。

5) 在负载下降时,根据负载的大小,起升电动机可以工作在电动、倒拉制动、回馈制动等工作状态下,以满足对不同下降速度的要求。

6) 为确保设备和人身安全,起重机采用断电制动方式的机械抱闸制动,以避免因停电造成无制动力矩,导致重物自由下落引发事故。同时也还要具备电气制动方式,以减小机械抱闸的磨损。

大车小车的运行机构,只要求具有一定的调速范围和分几挡控制。启动的第一级也应具有消除传动机构间隙的作用。为了启动平稳和准确停车,要求能实现恒加速和恒减速控制。停车应采用电气和电磁机械双重制动。

采用电磁铁式制动器,要求电动机通电时,制动电磁铁也通电,闸瓦松开,电动机旋转。

当电动机停止工作时,制动电磁铁同时失电,闸轮紧抱在制动轮上,达到断电制动的目的。

（2）起重机的供电方式

起重机工作时是经常移动的,故不能采用固定连接的供电方式。常用的供电方式,一种是用软电缆供电,起重机移动时,软电缆也随着伸展与叠卷,此种供电方式仅适用于小型起重机。另一种供电方式是采用滑线和集电器(电刷)传送电能。滑线一般采用圆钢、角钢或轻轨做成。接上车间低压供电电源、沿车间长度方向敷设的滑线为主滑线,通过集电器将主滑线上的电能引入到大车的保护框内,为安装在大车上的电控设备供电。对小车和起升机构的电动机及其他电器的用电,则由沿大车敷设的滑线和小车上装置的集电器来完成。

3　桥式起重机的电气控制线路分析

这里以 20/5t 桥式起重电气控制电路为例进行分析。该起重机有两个卷扬机构,主钩起重量为 20t,副钩起重量为 5t。电路由两大部分组成:凸轮控制器控制大车、小车、主副钩等五台电动机的电路;用 GQR-GECDD 型保护柜保护五台电动机正常工作的保护控制电路。

20/5t 桥式起重机的电路原理图和元器件明细表分别见图 4-18 和表 4-3 所示。

（1）20/5t 桥式起重机电气设备及保护装置

桥式起重机的大车桥架跨度较大,两侧装置两个主动轮,分别由两台同型号、同规格的电动机 M3 和 M4 驱动,两台电动机的定子并联在同一电源上,由凸轮控制器 AC3 控制,沿大车轨道纵向两个方向同速运动。限位开关 SQ3 和 SQ4 作为大车前后两个方向的终端限位保护,安装在大车端梁的两侧。YB3 和 YB4 分别为大车两台电动机的电磁抱闸制动器,当电动机通电时,电磁抱闸制动器的线圈得电,使闸瓦与闸轮分开,电动机可以自由旋转;当电动机断电时,电磁抱闸制动器失电,闸瓦抱住闸轮使电动机被制动停转。

小车运行机构由电机 M2 驱动,由凸轮控制器 AC2 控制,沿固定在大车桥架上的小车轨道横向两个方向运动。YB2 为小车电磁抱闸制动器,限位开关 SQ1、SQ2 为小车终端限位提供保护,安装在小车一轨道的两端。

副钩升降由电动机 M1 驱动,由凸轮控制器 AC1 控制,YB1 为副钩电磁抱闸制动器,SQ6 为副钩提供上升限位保护。

主钩升降由电动机 M5 驱动,由主令控制器 AC4 配合交流电磁控制柜（PQR）控制。YB5、YB6 为主钩电磁抱闸制动器,限位开关 SQ5 为主钩提供上升限位保护。

起重机的保护环节由交流保护控制柜和交流电磁控制柜来实现,各控制电路用 FU1、FU2 作为短路保护。总电源及各台电动机分别采用过电流继电器 KA0-KA5 实现过载和过流保护(过电流继电器的整定值一般为被保护的电动机额定电流的 2.25 至 2.5 倍)。为了保障维修人员的安全,在操作室舱门盖上装有舱门安全开关 SQ7,在横梁两侧栏杆门上分别装有横梁栏杆门安全开关 SQ8、SQ9,为了发生紧急情况时能立即切断电源,在保护控制柜上装有紧急开关 QS4。以上各开关在电路中均使用常开触头与副钩小车、大车的过流继电器及总过流继电器的常闭触头相串联。当操作室舱门或横梁栏杆门开启时,主交流接触器 KM 将不能获电运行,这样起重机的全部电机都不能启动运行,保证了人身安全。

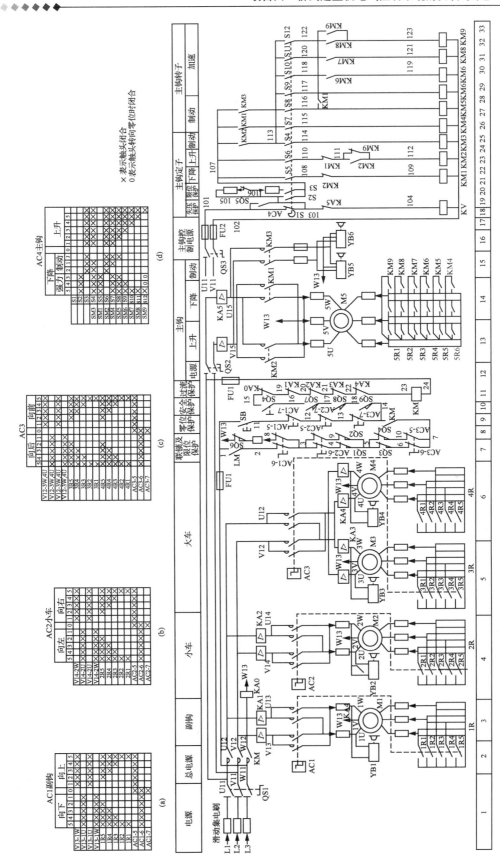

图4-18　20/5t桥式起重机电气控制线路图

表 4-3　元器件明细表

代号	元件名称	型号	规格	数量
M1	副钩电动机	YZR-200L-8	15 kW	1
M2	小车电动机	YZR-132MB-6	3.7 kW	1
M3,M4	大车电动机	YZR-160MB-6	7.5 kW	2
M5	主钩电动机	YZR-315M-10	75 kW	1
AC1	副钩凸轮控制器	KTJ1-50/1		1
AC2	小车凸轮控制器	KTJ1-50/1		1
AC3	大车凸轮控制器	KTJI-50/5		1
AC4	主钩主令控制器	LK1-12/90		1
YB1	副钩电磁抱闸制动器	MZD1-300	单相 AC,380 V	1
YB2	小车电磁抱闸制动器	MZD1-100	单相 AC,380 V	1
YB3,YB4	大车电磁抱闸制动器	MZD1-200	单相 AC,380 V	2
YB5,YB6	主钩电磁抱闸制动器	MZS1-45H	三相 AC,380 V	2
1R	副钩电阻器	2K1-41-8/2		1
2R	小车电阻器	2K1-12-6/1		1
3R,4R	大车电阻器	4K1-22-6/1		2
5R	主钩电阻器	4P5-63-10/9		1
QS1	电源总开关	HD9-400/3		1
QS2	主钩电源开关	HD11-200/2		1
QS3	主钩控制电源开关	DZ5-50		1
QS4	紧急开关	A-3161		1
SB	启动按钮	LA19-11		1
KM	主交流接触器	CJ20-300/3	300 A,线圈电压 380 V	1
KA0	总过电流继电器	JL4-150/1		1
KA1	副钩过电流继电器	JL4-40		1
KA2-KA4	大车、小车过电流继电器	JL4-15		1
KA5	主钩过电流继电器	JL4-150		1
KM1,KM2	主钩正反转交流接触器	CJ20-250/3	250 A,线圈电压 380 V	2
KM3	主钩抱闸接触器	CJ20-75/2	45 A,线圈电压 380 V	1
KM4,KM5	反接电阻切除接触器	CJ20-75/3	75 A,线圈电压 380 V	2
KM6-KM9	调速电阻切除接触器	CJ20-75/3	75 A,线圈电压 380 V	4
KV	欠电压继电器	JT4-10P		1

代号	元件名称	型号	规格	数量
FU1	电源控制电路熔断器	RL1-15/5	15 A,熔体 5 A	2
FU2	主钩控制电路熔断器	RL1-15/10	15 A,熔体 10 A	2
SQ1-SQ4	大、小车限位开关	LK4-11		4
SQ5	主钩上升限位开关	LK4-31		1
SQ6	副钩上升限位开关	LK4-31		1
SQ7	舱门安全开关	LX2-11H		1
SQ8,SQ9	横梁栏杆门安全开关	LX2-111		2

（2）主交流接触器 KM 的控制

1）准备阶段

将副钩、小、大车凸轮控制器的手柄置于"0"位,联锁触头 AC1-7、AC2-7、AC3-7（9 区）处于闭合状态,关好横梁栏杆门（SQ8、SQ9 闭合）及驾驶舱门（SQ7 闭合）,合上紧急开关 QS4。

2）启动运行阶段

按下启动按钮 SB,交流接触器 KM 线圈得电,三对常开主触点 KM 闭合（2 区）,两副常开辅助触点 KM 闭合自锁（7 去与 9 区）。

KM线圈得电路径：

FU1 → 1 → SB → 11 → AC1-7 → 12 → AC2-7 → 13 → AC3-7 → 14 → SQ9 → 18 → SQ8 → 17 → SQ7 → 16 → QS4 → 15 → KA0 → 19 → KA1 → 20 → KA2 → 21 → KA3 → 22 → KA4 → 23 → KM → 24 → FU1

KM线圈闭合自锁路径：

W13 → SQ6 → 8 → AC1-5

FU1 → 1 → KM → AC1-6 → 3 → [AC2-6 → SQ1 / AC2-5 → SQ2] → 5 → [SQ3 → AC3-6 / SQ4 → AC3-5] →

7 → KM → SQ9 → 18 → SQ8 → 17 → SQ7 → 16 → QS4 → 15 → KA0-KA4 → 234 →

KM → 24 → FU1

KM 吸合将两相电源（U12、V12）引入各凸轮控制器,另一相电源经总过电流继电器 KA0 后（W13）直接引入各电动机定子接线端。此时由于各凸轮控制器手柄均在零位,电动机不会运转。

（3）主钩控制电路

主钩电动机采用主令控制器配合电磁控制柜进行控制,主令控制器类似凸轮控制器,其触头开表如图 4-18（d）。

1）主钩启动准备

合上电源开关 QS1（1 区）、QS2（12 区）、QS3（16 区）,接通主电路和控制电路电源,将主令控制器 AC4 手柄置于零位,触头 S1（18 区）处于闭合状态,此时欠电压继电器 KV 线圈

（18区）得电吸气,其常开触头（19区）闭合自锁,为主钩电动机 M5 启动控制做好准备。（KV 为电路提供失压与欠压保护以及主令控制器的零位保护）

2）主钩上升控制

它由主令控制器 AC4 通过接触器控制,控制流程如下:

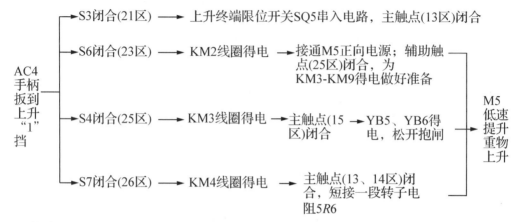

若将 AC4 手柄逐级扳向"2"、"3"、"4"、"5"、"6"挡,主令控制器的常开触头 S8、S9、S10、S11、S12 逐次闭合,依次使交流接触器 KM5—KM9 线圈得电,接触器的主触点对称短接相应段主钩电动机转子回路电阻 5R5-5R1,使主钩上升速度逐步增加。

3）主钩下降控制

主钩下降有 6 挡位置。"J"、"1"、"2"挡为制动下降位置,防止在吊有重载下降时速度过快,电动机处于倒拉反接制动运行状态;"3"、"4"、"5"挡为强力下降位置,主要用于轻负载时快速强力下降。主令控制器在下降位置时,6 个挡的工作情况如下:

①制动下降"J"挡。制动下降"J"挡是下降准备挡,虽然电动机 M5 加上正相序电压,由于电磁抱闸未打开,电动机不能启动旋转。该挡停留时间不宜过长,以免电动机烧坏。

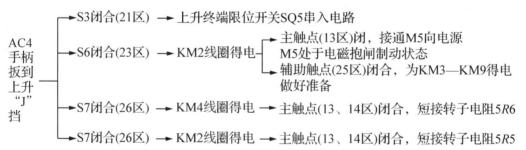

②制动下降"1"挡。主令控制器 AC4 的手柄扳到制动下降"1"挡,触头 S3、S4、S6、S7 闭合,和主钩上升"1"挡触头闭合一样。此时电磁抱闸器松开,电动机可运转于正向电动状态（提升重物）或倒拉反接制动状态（低速下放重物）。当重物产生的负载倒拉力矩大于电动要产生的正向电磁转矩时,电动机 M5 运转在负载倒拉反接制动状态,低速下放重物;反之,则重物不但不能下降反而被提升,这时必须把 AC4 的手柄迅速扳到制动下降"2"挡。

接触器 KM3 通电吸合后,与 KM2 和 KM1 辅助常开触点（25区、26区）并联的 KM3 的自锁触点（27区）闭合自锁,以保证主令控制器 AC4 从控制下降"2"挡向强力下降"3"挡转换时,KM3 线圈仍通电吸合,电磁抱闸制动器 YB5 和 YB6 保持得电状态,防止换挡时出现高速制动而产生强烈的机械冲击。

③制动下降"2"挡。主令控制器触头 S3、S4、S6 闭合,触头 S7 分断,接触器 KM4 线圈断电释放,外接电阻器全部接入转子回路,使电动机产生的正向电磁转矩减小,重负载下降速度比"1"挡时加快。

④强力下降"3"挡。下降速度与负载有关,若负载较轻(空钩或轻载),电动机 M5 处于反转电动状态;若负载较重,下放重物的速度会提高,可能使电动机转速超过同步速度,电动机 M5 将进入再生发电制动状态。负载越重,下降速度较大,应注意操作安全。

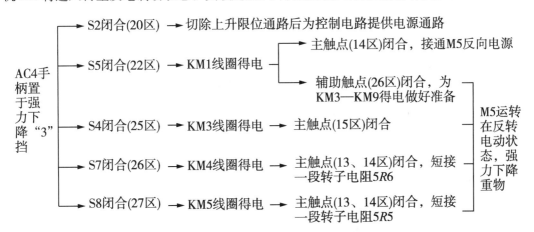

⑤强力下降"4"挡。主令控制器 AC4 的触头在强力下降"3"挡闭合的基础上,触头 S9 有闭合,使接触器 KM6(29 区)线圈得电吸合,电动机转子回路电阻 $5R4$ 被切除,电动机 M5 进一步加速反向旋转,下降速度加快。另外 KM6 辅助常开触点(30 区)闭合,为接触器 KM7 线圈得电做好准备。

⑥强力下降"5"挡。主令控制器 AC4 的触头在强力下降"4"挡闭合的基础上,又增加了触头 S10、S11、S12 闭合,接触器 KM7—KM9 线圈依次得电吸合,电动机转子回路电阻 $5R3$、$5R2$、$5R1$ 依次逐级切除,以避免过大的冲击电流,同时电动机 M5 旋转速度逐渐增加,待转子电阻全部切除后,电动机以最高转速运转,负载下降速度最快。

此挡若下降的负载很重,当实际下降速度超过电动机的同步转速时,电动机将进入再生发电制动状态,电磁转矩变成制动力矩,由于转子回路未串任何电阻,保证了负载的下降速度不至太快,且在同一负载下,"5"挡下降速度要比"4"挡和"3"挡速度底。

桥式起重机在实际运行中,操作人员要根据具体情况选择不同的运行位置和档位。比如主令控制器手柄在强力下降位置"5"挡时,因负载重力作用太大使下降速度过快,虽然有发电制动控制高速下降仍很危险。此时,就需要把主令控制器手柄扳回到制动下降位置"2"挡或"1"挡,进行反接制动控制下降速度。为了避免在转换过程中可能发生过高的下降速度,在接触器 KM9 电路中常用辅助常开触头 KM9(33 区)自锁。同时,为了不影响提升的速度,在该支路中再串联一个 KM1 的常开辅助触头(28 区)。这样可以保证主令控制器手柄由强力下降位置向制动下降位置转换时,接触器 KM9 线圈始终有电,只有手柄扳至制动下降位置后,接触器 KM9 线圈才断电,在图 4-18(d)所示主令控制器 AC4 触头分合表中可以看到,强力下降"4"、"3"挡位上有"0"的符号便是这个意义。表示当手柄由"5"挡向零位扳回时,触头 S12 接通。否则,如果没有以上联锁装置,在手柄由强力下降位置向制动下降位置转换时,若操作人员不小心,误把手柄停在了"4"、"3"挡位上,那么正在高速下降的负载速度不但不会得到控制,反而使下降速度增加,可能造成恶性事故。

另外,串接在接触器 KM2 支路中的常开触头 KM2(23 区)与常闭触头 KM9(24 区)并联,主要作用是当接触器 KM1 线圈断电释放后,只有在接触器 KM9 线圈断电释放的情况下,接触器 KM2 线圈才允许获电并自锁,这样保证了只有在转子电路中保持一定附加电阻的前提下才能进行反接制动,以防止反接制动时造成直接启动而产生过大的冲击电流。

(4)副钩控制电路

副钩凸轮控制器 AC1 共有 11 个位置,中间位置是零位,左、右两边各有位置,用来控制电动机 M1 在不同转速下的正、反转,即用来控制副钩的升降。AC1 共用了 12 副触头,其中 4 对常开主触头控制 M1 定子绕组的电源,并换接电源相序以实现 M1 的正反转;5 对常开辅助触头控制 M1 转子电阻 1R 的切换;3 对常闭辅助触头作为联锁触头,其中 AC1-5 和 AC1-6 为 M1 正反转联锁触头,AC1-7 为零位联锁触头。

1)副钩上升控制

在主交流接触器 KM 线圈获电吸合的情况下,转动凸轮控制器 AC1 的手轮至向上"1"挡,AC1 的主触头 V13-1W 和 U13-1U 闭合,触头 AC1-5 闭合,AC1-6 和 AC1-7 断开,电动机 M1 接通三相电源正转,同时电磁抱闸制动器 YB1 获电,闸瓦与闸轮分开,M1 转子回路中串接的全部外接电阻器启动,M1 以最低转速、较大的启动力矩带动副钩上升。

转动 AC1 手轮,依次到向上的"2"至"5"挡位时,AC1 的 5 对常开辅助触头(2 区)依次闭合,短接电阻 1R5 至 1R1,电动机 M1 的提升转速逐渐升高,直到预定转速。

由于 AC1 拨置向上挡位,AC1-6 触头断开,KM 线圈自锁回路电源通路只能通过串入副钩上升限位开关 SQ6(8 区)支路,副钩上升到调整的限位位置时 SQ6 被挡铁分断,KM 线圈失电,切断 M1 电源;同时 YB1 失电,电磁抱闸制动器在反作用弹簧的作用下对电动机 M1 进行制动,实现终端限位保护。

2)副钩下降控制

凸轮控制器 AC1 的手轮转至向下挡位时,触头 V13-1U 和 U13-1W 闭合,改变接入电动机 M1 的电源的相序,M1 反转,带动副钩下降。依次转动手轮,AC1 的 5 对常开辅助触头(2 区)依次闭合,短接电阻 1R5 至 1R1,电动机 M1 的下降转速逐渐升高,直到预定转速。

将手轮依次回拨时,电动机转子回路串入的电阻增加,转速逐渐下降。将手轮转至"0"挡位时,AC1 的主触头切断电动机 M1 电源,同时电磁抱闸制动器 YB1 也断电,M1 被迅速制动停转。

(5)小车控制电路

小车的控制与副钩的控制相似,转动凸轮控制器 AC2 手轮,可控制小车在小车轨道上左右运行。

（6）大车控制电路

大车的控制与副钩和小车的控制相似。由于大车由两台电动机驱动，因此，采用同时控制两台电动机的凸轮控制器 AC3，它比小车凸轮控制器多 5 对触头，以供短接第二台大车电动机的转子外接电阻。大车两台电动机的定子绕组是并联的，用 AC3 的 4 对触头进行控制。

4.2.2 桥式起重机控制线路的故障检修

1 主交流接触器 KM 不吸合的故障排除

合上电源总开关 QS1 并按下启动按钮 SB 后，主交流接触器 KM 不吸合。

故障的原因可能是：线路无电压，熔断器 FU1 熔断，紧急开关 QS4 或门安全开关 SQ7、SQ8、SQ9 未合上，主交流接触器 KM 线圈断路，有凸轮控制器手柄没在零位，或凸轮控制器零位触头 AC1-7、AC2-7、AC3-7 触头分断，过电流继电器 KA0 至 KA4 动作后未复位。检测流程如下：

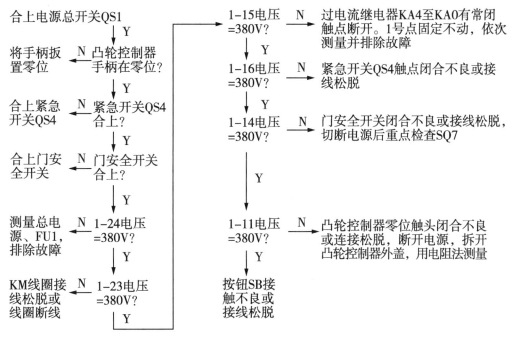

[提示]该故障发生概率较高，排除时先目测检查，然后在保护控制柜中和出线端子上测量、判断。确定故障大致位置后，切断电源，再用电阻法测量、查找故障具体部位。

2 副钩能下降但不能上升

检测流程如下：

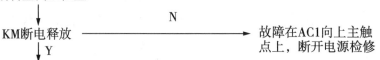

启动KM后, 副钩凸轮控制器
手柄转置向上位置

↓

KM断电释放 ——————N——————→ 故障在AC1向上主触
点上, 断开电源检修

↓ Y

故障在8区W13-3号线之间, 可能是8号导
电滑线, 上升限位开关SQ6、AC1-5触头
接触不良或接线松脱。切断电源, 用电阻
法测量

[提示] 对于小车、大车向一个方向工作正常, 而向另一个方向不能工作的故障, 判断方法类似。在检修试车时不能朝一个运行方向试车行程太大, 以免又产生终端限位故障。

3 主钩既不能上升又不能下降

故障原因有多方面, 可从主钩电动机运转状态、电磁抱闸制动器吸合声音、继电器动作状态来判断故障。交流电磁保护柜装于桥架上, 观察交流电磁保护柜中继电器动作状况, 测量需与吊车操作人员配合进行, 注意高空操作安全。测量尽量在操作室端子排上测量并判断故障大致位置。主要检测流程如下:

合上QS1、QS3,
AC4手柄置于零位

↓

KV吸合? ——————N——————→ 熔断器FU2熔断或18区KV线圈支路出现断点, 用电压法测量

↓ Y

KV自锁? ——————N——————→ KV自锁触点(19区)未接通或连线松脱

↓ Y

KM1或KM2吸合? ——————N——————→ S2、S3、S5、S6触点接触不良, KM1、KM2线圈支路有断点

↓ Y

KM3吸合? ——————N——————→ 触点S4接触不良, KM3线圈支路出现断点

↓ Y

YB5、YB6得电打开? ——————N——————→ KM3主触点、导电滑线接触不良, YB5、YB6线圈开路

↓ Y

KM1、KM2主触点与导电滑线接触不良, 主
钩电动机转子回路开路或电动机损坏

4 凸轮控制器扳动过程中火花过大

原因:动静触头接触不良;控制容量过载。

5 主接触器 KM 吸合后,过电流继电器 KA0—KA4 立即动作

原因:凸轮控制器 SA1—SA3 电路接地;电动机 M1—M4 绕组接地;电磁铁 YA1—YA4 线圈接地。

练习与思考题

1. 起重机有哪几种分类？

2. 桥式起重机包含哪些部件？对电力拖动和电气控制的要求是什么？

3. 起重机有哪几种控制方式？在使用场合上有何区别？

4. 凸轮控制器控制的起重机有哪些保护？他的提升过程如何实现？

5. 主令控制器与磁力 F 控制屏相配合控制的起重机有哪些保护？它的提升过程如何实现？

项目五　PLC控制系统的安装与调试

> **项目描述**：以PLC程序控制设计为载体，通过PLC基本操作与基本电路的编程、三相异步电动机的星—三角启动控制实训等具体工作任务，引导讲授与具体工作相关联的线路接线、编程、调试，加强学生理解能力和程序设计能力。

任务5.1　三相异步电动机正反转PLC控制线路的安装与调试

学习目标

1. 知识目标

(1) PLC的组成、工作原理、功能及特点；

(2) PLC的型号、安装和接线；

(3) PLC的汇编语言和编程方法；

(4) 梯形图的绘制方法；

(5) 基本指令的练习；

(6) 电动机正反转控制的PLC实现。

2. 能力目标

(1) 会选择使用PLC；

(2) 会用PLC的基本指令进行电动机正反转控制的编程；

(3) 会对电动机正反转主电路进行分析接线；

(4) 会对编程中出现的问题进行检查并修正；

(5) 能对电动机正反转控制的程序调试与维护。

任务描述

以PLC程序控制设计为载体，通过PLC基本操作与基本电路的编程、三相异步电动机的正反转控制实训等具体工作任务，引导讲授与具体工作相关联的线路接线、编程、调试，加强学生理解能力和程序设计能力。

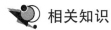 相关知识

可编程控制器技术最主要是应用于自动化控制工程中,在对 PLC 的指令系统和设计方法有了足够了解以后,就可以结合实际问题进行 PLC 控制系统的设计,并将 PLC 应用于实际。PLC 的应用就是以 PLC 为程控中心,组成电气控制系统,实现对生产过程的控制。PLC 的程序设计是 PLC 应用最关键的问题,也是整个电气控制系统设计的核心。

为顺利完成本任务,需掌握 PLC 的基本指令和控制系统设计方法。

5.1.1　FX2N 系列 PLC 基本指令(一)

FX2N 系列 PLC 有基本指令 27 条。

1　触点取及线圈输出指令 LD、LDI、OUT

LD,取指令。一个与输入母线相连的常开触点指令,即常开触点逻辑运算起始。

LDI,取反指令。一个与输入母线相连的常闭触点指令,即常闭触点逻辑运算起始。

OUT,输出指令,也叫线圈驱动指令。

图 5-1 是上述三条基本指令的使用说明。

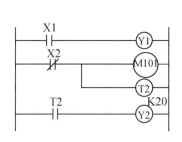

0	LD	X1	← 与母线相连
1	OUT	Y1	
2	LDI	X2	← 驱动指令
3	OUT	M101	
4	OUT	T2	← 驱动(定时器)指令
	SP	K20	← 设定常数,　SP为空格键,自动设置程序步
7	LD	T2	← 与母线相连
8	OUT	Y2	← 驱动指令

图 5-1　LD、LDI、OUT 指令

LD、LDI 两条指令的目标元件是 X、Y、M、S、T、C,用于将触点接到母线上,也可以与后述的 ANB、ORB 指令配合使用,在分支起点也可使用。

OUT 是驱动线圈的输出指令,它的目标元件是 Y、M、S、T、C,对输入继电器 X 不能使用,OUT 指令可以连续使用多次。

LD、LDI 是一个程序步指令,这里的一个程序步即是一个字;OUT 是多程序步指令,要视目标元件而定。

OUT 指令的目标元件是定时器 T 和计数器 C 时,必须设置常数 K,表 5-1 是 K 值设定范围与步数值。

表 5-1　K 值设定范围表

定时器,计数器	K 的设定范围	实际的设定值	步数
1 ms 定时器		$0.001 \sim 32.767$ s	3
10 ms 定时器	$1 \sim 32767$	$0.01 \sim 327.67$ s	3
100 ms 定时器		$0.1 \sim 3276.7$ s	3

续表

定时器,计数器	K 的设定范围	实际的设定值	步数
16 位计数器	1～32767	1～32767	3
32 位计数器	−2147483648～＋2147483647	−2147483648～＋2147483647	5

2 触点串联指令 AND、ANI

AND,与指令,用于单个常开触点的串联。

ANI,与非指令,用于单个常闭触点的串联。

AND、ANI 都是一个程序步指令,其串联触点个数没有限制,即这两条指令可多次重复使用。这两条指令的目标元件与 LD、LDI 指令相同。AND、ANI 指令的使用说明如图 5-2 所示。

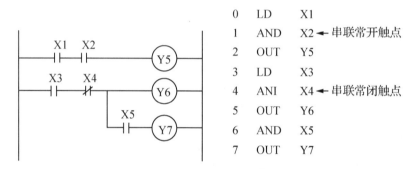

0	LD	X1
1	AND	X2 ←串联常开触点
2	OUT	Y5
3	LD	X3
4	ANI	X4 ←串联常闭触点
5	OUT	Y6
6	AND	X5
7	OUT	Y7

图 5-2　AND、ANI 指令

OUT 指令后,通过触点对其他线圈使用 OUT 指令称为纵接输出或连续输出,如图 5-2 中的 OUT Y7。这种连续输出如果顺序不错,可以多次重复,但是如果驱动程序换成图 5-3 的形式,则必须用后述的 MPS 指令,这时程序步增多,因此不推荐使用图 5-3 的形式。

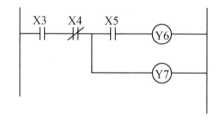

图 5-3　不推荐梯形图

3 触点并联指令 OR、ORI

OR,或指令,用于单个常开触点的并联。

ORI,或非指令,用于单个常闭触点的并联。

OR 与 ORI 指令都为一程序步指令,其目标元件也是 X、Y、M、S、Y、C。这两条指令都是并联一个触点。需要两个以上触点串联连接电路块的并联连接时,要用后述的 ORB 指令。

OR、ORI 指令对前面的 LD、LDI 指令并联连接,并联次数无限制,OR、ORI 指令的使用说明如图 5-4 所示。

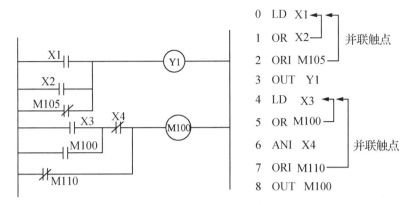

图 5-4　OR、ORI 指令

4　串联电路块的并联连接指令 ORB

两个或两个以上的触点串联连接的电路叫串联电路块。串联电路块并联连接时,分支开始用 LD、LDI 指令,分支结束用 ORB 指令。ORB 指令与后述的 ANB 指令均为无目标元件指令,而这两条无目标元件指令的步长都为一个程序步。ORB 指令的使用说明如图 5-5 所示。

ORB 指令的使用方法有两种:一种是在要并联的每个串联电路块后加 ORB 指令,详细见图 5-5(b)语句表;另一种是集中使用 ORB 指令,详细见图 5-5(c)语句表。对于前者分散使用 ORB 指令时,并联电路块的个数没有限制,但对于后者集中使用 ORB 指令时,这种电路块并联的个数一般不能超过 8 个(即重复使用 LD、LDI 指令的次数限制在 8 次以下),故不推荐用后者编程。

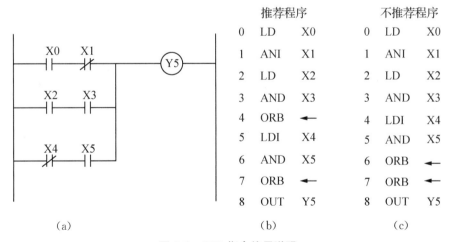

图 5-5　ORB 指令使用说明

5　并联电路的串联连接指令 ANB

两个或两个以上触点并联的电路称为并联电路块,分支电路并联电路块与前面电路串联连接时,使用 ANB 指令。分支的起点用 LD、LDI 指令,并联电路块结后,使用 ANB 指令,与前面电路串联,ANB指令也简称与块指令,它是无操作目标元件的一个程序步指令,ANB指令的使用说明如图5-6和图5-7所示。

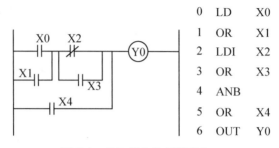

0	LD	X0
1	OR	X1
2	LDI	X2
3	OR	X3
4	ANB	
5	OR	X4
6	OUT	Y0

图5-6 ANB指令使用说明之一

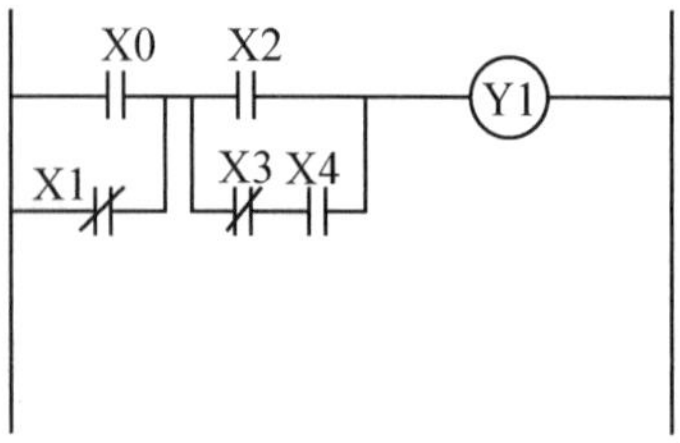

0	LD	X0
1	ORI	X1
2	LD	X2
3	LDI	X3
4	AND	X4
5	ORB	
6	ANB	
7	OUT	Y1

图5-7 ANB指令使用说明之二

6 多重输出指令 MPS、MRD、MPP

MPS,进栈指令。

MRD,读栈指令。

MPP,出栈指令。

这三条指令用于多重输出电路,可以将触点状态储存起来(进栈),需要时再取出(读栈)。

FX2N系列PLC中有11个栈存储器。

当使用进栈指令MPS时,当时的运算结果压入栈的第一层,栈中原来的数据依次向下一层推移;使用出栈指令MPP时,各层的数据依次向上移动一次。MRD是最上层所存数据的读出指令,读出时,栈内数据不发生移动。MPS和MPP指令必须成对使用,而且连续使用应少于11次。

MPS、MRD、MPP指令的使用说明如图5-8、图5-9、图5-10和图5-11所示。图5-8是简单一层栈,图5-9是一层栈与ANB、ORB指令配合,图5-10是二层栈,图5-11是一个四层栈。如果图5-11改用图5-12的梯形图,则不必采用MPS指令,编程也方便。

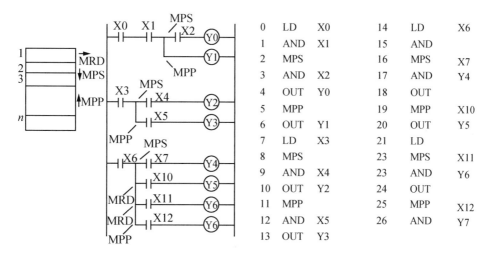

0	LD	X0	14	LD	X6
1	AND	X1	15	AND	
2	MPS		16	MPS	X7
3	AND	X2	17	AND	Y4
4	OUT	Y0	18	OUT	
5	MPP		19	MPP	X10
6	OUT	Y1	20	OUT	Y5
7	LD	X3	21	LD	
8	MPS		23	MPS	X11
9	AND	X4	23	AND	Y6
10	OUT	Y2	24	OUT	
11	MPP		25	MPP	X12
12	AND	X5	26	AND	Y7
13	OUT	Y3			

图 5-8　栈存储器与多重输出指令

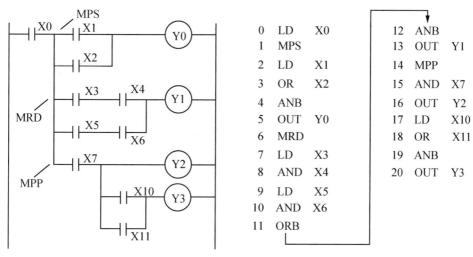

0	LD	X0	12	ANB	
1	MPS		13	OUT	Y1
2	LD	X1	14	MPP	
3	OR	X2	15	AND	X7
4	ANB		16	OUT	Y2
5	OUT	Y0	17	LD	X10
6	MRD		18	OR	X11
7	LD	X3	19	ANB	
8	AND	X4	20	OUT	Y3
9	LD	X5			
10	AND	X6			
11	ORB				

图 5-9　一层栈

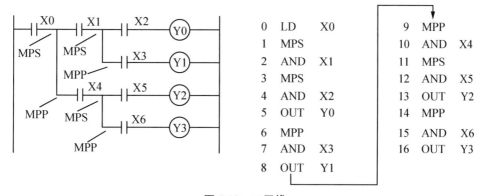

0	LD	X0	9	MPP	
1	MPS		10	AND	X4
2	AND	X1	11	MPS	
3	MPS		12	AND	X5
4	AND	X2	13	OUT	Y2
5	OUT	Y0	14	MPP	
6	MPP		15	AND	X6
7	AND	X3	16	OUT	Y3
8	OUT	Y1			

图 5-10　二层栈

工厂电气控制设备安装与维护

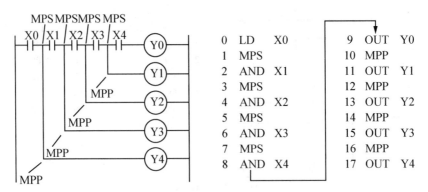

图 5-11　四层栈电路

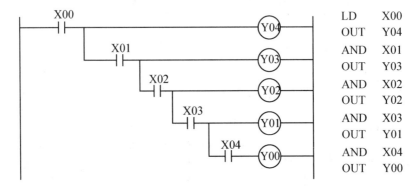

图 5-12　不用 MPS 指令的图 5-11 等效梯形图

7　脉冲上升沿、下降沿检出的触点指令 LDP、LDF、ANDP、ANDF、ORP、ORF

LDP,取脉冲上升沿指令。

LDF,取脉冲下降沿指令。

ANDP,与脉冲上升沿指令。

ANDF,与脉冲下降沿指令。

ORP,或脉冲上升沿指令。

ORF,或脉冲下降沿指令。

上面 6 条指令的目标元件都为一程序步指令。

LDP、ANDP 和 ORP 指令是进行上升沿检出的触点指令,仅在指定位软器件的上升沿时(OFF→ON 变化时)接通一个扫描周期。

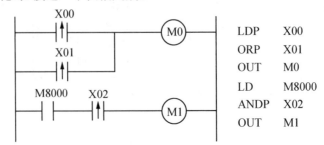

图 5-13　LDP、ANDP 和 ORP 指令

· 122 ·

LDF、ANDF 和 ORF 指令是进行下降沿检出的触点指令,仅在指定位软器件的下降沿时(ON→OFF 变化时)接通一个扫描周期。

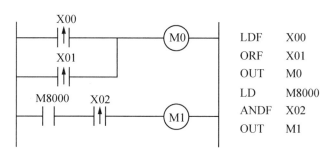

图 5-14　LDF、ANDF 和 ORF 指令

就功能而论,LDP 是上升沿检出运算开始,LDF 是下降沿检出运算开始,ANDP 是上升沿检出串联连接,ANDF 是下降沿检出串联连接,ORP 是上升沿检出并联连接,ORF 是下降沿检出并联连接。

LDP、ORP 和 ANDP 的使用说明如图 5-13 所示。

LDF、ORF 和 ANDF 的使用说明如图 5-14 所示。

需要特别说明的是,在图 5-13 和图 5-14 中,当 X00～X02 由 ON→OFF 时或由 OFF→ON 变化时,M0 或 M1 仅有一个扫描周期接通。

5.1.2　编程规则

前面所介绍的基本逻辑指令,有时也叫触点指令或布尔代数指令。用这些指令编制梯形图时有一些规则要遵循。

(1) 梯形图的触点应画在水平线上,不能画在垂直分支上,如图 5-15 所示。

(2) 在串联电路相并联时,应将触点最多的那个串联回路放在梯形图最上面。有并联电路相串联时,应将触点最多的并联回路放在梯形图的最左边。这种安排程序简洁,语句也少,如图 5-16 所示。

(3) 梯形图中不能将触点画在线圈右边,只能在触点右边接线圈,如图 5-17 所示。

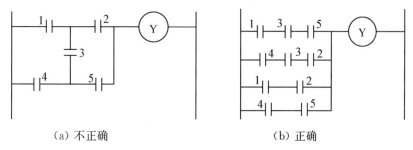

（a）不正确　　　　　　　　　　　　　　（b）正确

图 5-15　梯形图画法之一

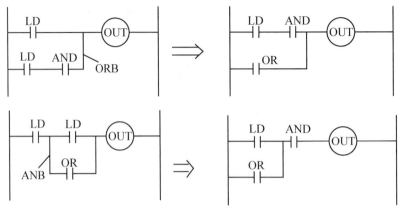

图 5-16　梯形图画法之二

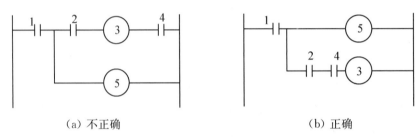

（a）不正确　　　　　　　　　　　　　（b）正确

图 5-17　梯形图画法之三

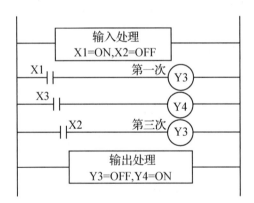

图 5-18　双线圈输出

（4）图 5-18 是说明同一线圈在程序中重复多次使用的输出结果。图中，若在第一次扫描 X1＝ON，X2＝OFF，则 Y3＝ON，Y4＝ON；但在第二次扫描时，X2 由 OFF→ON，则程序执行的最终结果是 Y3＝OFF，Y4＝ON。因此，在线圈重复使用时程序扫描一次结果是后面线圈的动作状态有效。

由于程序采用扫描工作方式和输入有 10ms 的响应滞后，因此要求输入信号的脉冲宽度（ON 或 OFF）至少等于程序扫描周期加上 10ms 才有效。如果信号脉冲宽度小于此值，可采用后述的特殊功能指令处理。

任务实施

一、任务描述

电动机的正反转大量应用于工农业生产中。对三相异步电动机来讲,定子绕组通入三相交流电会产生旋转磁场。磁场的旋转方向取决三相交流电的相序,改变相序,就能改变磁场旋转的方向,从而改变电动机的转向。下图 5-19 为双重联锁正反转控制电路。

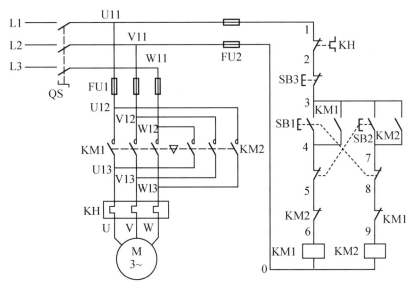

图 5-19　双重联锁正反转控制电路

控制要求:

1)当接上电源时,电动机 M 不动作。

2)当按下 SB2 正转启动按钮后,电动机 M 正转;再按 SB1 停止按钮后,电动机 M 停转。

3)当按下 SB3 反转启动按钮后,电动机 M 反转;再按 SB1 停止按钮后,电动机 M 停转。

4)热继电器触点 FR 动作后,电动机 M 因过载保护而停止。

二、硬件设计

1　硬件选型

1)PLC 选型

由于控制对象单一,控制过程简单,I/O 点数很少,系统没有其他特殊要求,故本任务选用三菱 FX2N-32MR 为宜,采用 220 V、50 Hz 的交流电源供电,接在 L、N 端。

2)主电路

主电路由空气开关、正向控制接触器 KM1 主触头、反向控制接触器 KM2 主触头和热继电器线圈组成,热继电器额定电压为 380 V。

基于安全方面的考虑,本任务电源采用三相五线制供电,其中三相火线,一根零线,一根地线,接地必须可靠、坚固。

3）输入电路

输入电路由正向启动按钮 SB2、反向启动按钮 SB3、停止按钮 SB1 组成，各按钮均采用 24 V 直流电源，由 PLC 本身供电。

4）输出电路

输出电路由正向控制接触器 KM1 线圈、反向控制接触器 KM2 线圈和热继电器常闭触点组成，接触器线圈额定电压为 220 V，由外部电源供电。

5）保护电路

熔断器用于短路保护，热继电器用于过载保护，空气开关用作欠压保护。

2　资源分配

该任务中有 3 个输入，2 个输出，用于自锁、互锁的触点无须占用外部接线端子而是由内部"软开关"代替，故不占用 I/O 点数，资源分配如表 5-2 所示，相应的 I/O 接线图如图 5-20 所示。

表 5-2　电动机正反转控制 I/O 点数分配表

项目	名称	I/O 地址	作用
输入	FR	X0	过载保护
	SB1	X1	停止按钮
	SB2	X2	正转按钮
	SB3	X3	反转按钮
输出	KM1	Y0	正转接触器
	KM2	Y1	反转接触器

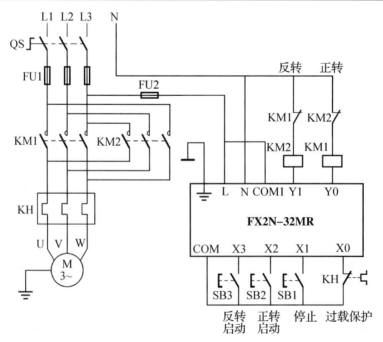

图 5-20　电动机正反转控制 PLC 外部接线图

3　硬件安装

1）工具与器材

设备：3kW 电动机一台；FX2N-16MR PLC 一台；原控制柜一台（含操作按钮、电动机控制配电）。

材料：三相四线制铜芯线缆 2.5mm²，控制线缆等，长度依据现场条件决定；接地线；绝缘胶布。

工具：电脑一台，万用表，测电笔，螺丝刀，扳手等常用工具。

2）硬件安装

将 PLC 与热源、高电压和电子噪声隔离开，为接线和散热留出适当的空间；电源定额；接地和接线。硬件安装示意图见图 5-21。

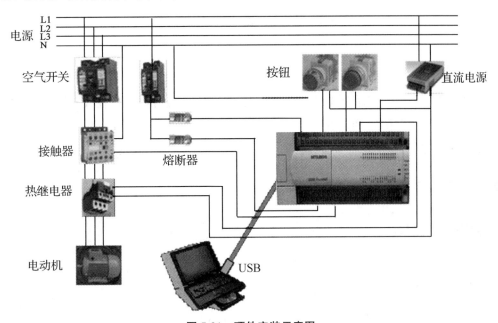

图 5-21　硬件安装示意图

三、软件设计

1　软件编程

（1）安装 GX DEVELOPER 编程软件；

（2）连接 FX2N-16MR CPU；

（3）通信配置；

（4）编程基本操作。

电动机正反转控制梯形图见图 5-22。

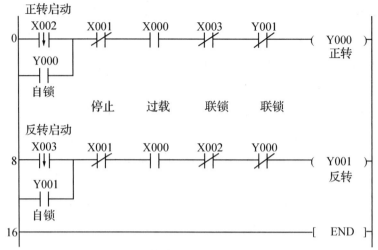

图 5-22　电动机正反转控制梯形图

2　程序调试

点击菜单中的"转换"命令,将梯形图转换成指令语句表,再点击"在线"菜单中的"PLC写入"命令,将程序下传到 PLC 中。

程序运行过程中,可以点击"在线"菜单中的"监视/调试"命令,对程序进行调试或监视。

拓展知识

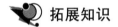
自动台车的控制

在企业的生产车间,常有运料台车用于自动地将物料从一个地点送到另一个地点,这实际上就是电动机的正反转在工农业生产中的具体应用。

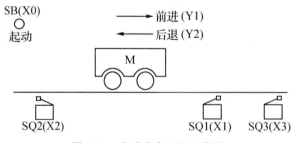

图 5-23　自动台车运行示意图

图 5-23 是自动台车控制示意图,台车在启动前位于导轨的中部。一个工作周期的控制工艺如下:

1)按下启动按钮 SB,台车电动机 M 正转,台车前进,碰到限位开关 SQ1 后,台车电动机 M 反转,台车后退。

2)台车后退碰到限位开关 SQ2 后,台车电动机 M 停转,台车停车,停 5s,第二次前进,碰到限位开关 SQ3,再次后退。

3)当后退再次碰到限位开关 SQ2 时,台车停止。

为设计本控制系统的梯形图,先安排输入、输出口及机内器件。台车由电动机 M 驱动,正转(前进)由 PLC 的输出点 Y1 控制,反转(后退)由 Y2 控制。为了解决延时 5s,选用定时器 T0。启动按钮 SB 及限位开关 SQ1、SQ2、SQ3 分别接到 X0、X1、X2、X3。

PLC 的输出是代表电动机前进及后退的两个接触器,电动机前进和后退的条件是:

第一次前进:从启动按钮 SB(X0)按下开始到碰到 SQ1(X1)为止。

第二次前进:由 SQ2(X2)接通引起的定时器 T0 延时时间到开始至 SQ3(X3)被接通为止。

第一次后退:从 SQ1(X1)接通时起至 SQ2(X2)被接通止。

第二次后退:从 SQ3(X3)接通时起至 SQ2(X2)被接通止。

在第一次前进支路中,采用启动—保持—停止电路的基本模式,以启动按钮 X0 为启动条件,限位开关 X1 的常闭触点为停止条件,选用辅助继电器 M100 充当第一次前进的中间变量。

在第二次前进支路中,仍然采用启动—保持—停止电路模式。启动信号是定时器 T0 计时时间到,停止条件为限位开关 X3 的常闭触点。M101 是第二次前进的中间变量。为了得到 T0 的计时时间到条件,还要画出定时器工作支路梯形图。

综合中间继电器 M100 和 M101,即得总的前进梯形图。后退梯形图中没有使用辅助继电器,而是将二次后退的启动条件并联置于启动—保持—停止电路的启动条件位置,它们是 X1 和 X3。停止条件为 X2。在后退支路的启动条件 X1 后串入 M101 的常闭触点,以表示 X1 条件在第二次前进时无效。

仔细分析图 5-24 的梯形图可知,虽然该梯形图能使台车在启动后经历二次前进二次后退并停在 SQ2 位置,但延时 5s 后台车将在未按启动按钮情况下又一次启动,且执行第二次前进相关动作,这显然是程序存在的重要不足。至于台车的原点不是在轨道中部,而是在任意点或压着 SQ2(X2),程序还要做修改。

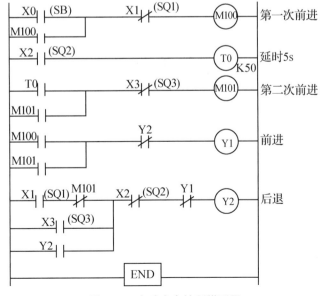

图 5-24　自动台车控制梯形图

练习与思考题

1. 可编程控制器的基本组成有哪些？

2. 画出 PLC 的输入接口电路和输出接口电路,说明它们各有何特点。

3. PLC 的工作原理是什么？工作过程分哪几个阶段？

4. PLC 的工作方式有几种？如何改变 PLC 的工作方式？

5. 可编程控制器有哪些主要特点？

6. 与一般的计算机控制系统相比可编程控制器有哪些优点？

7. 与继电器控制系统相比可编程控制器有哪些优点？

8. 可编程控制器可以用在哪些领域？

9. 利用 LDP 与 LDF 指令来实现 1 个按钮控制两台电动机分时启动,其控制时序图如图 5-25 所示。

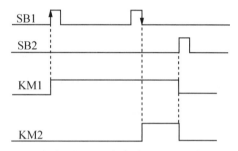

图5-25　1 个按钮控制两台电动机分时启动控制时序图

10. 楼上、楼下各有一只开关(SB1、SB2)共同控制一盏照明灯(HL1)。要求两只开关均可对灯的状态(亮或熄)进行控制。试用 PLC 来实现上述控制要求。

任务 5.2　电动机 Y—△ 降压启动 PLC
控制线路的安装与调试

学习目标

1. 知识目标

(1) PLC 的组成、工作原理、功能及特点;

(2) PLC 的型号、安装和接线;

(3) PLC 的汇编语言和编程方法;

(4) 梯形图的绘制方法;

(5) 基本指令的练习;

(6) Y—△ 启动控制。

2. 能力目标

(1) 会选择使用 PLC;

(2) 会正确分配 I/O 接口;

(3) 会用 PLC 的基本指令进行电动机 Y—△启动控制的编程;

(4) 会对电动机 Y—△启动主电路进行分析接线;

(5) 会对编程中出现的问题进行检查并修正;

(6) 能对电动机 Y—△启动控制的程序进行调试与维护。

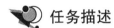

以 PLC 程序控制设计为载体,通过 PLC 基本操作与基本电路的编程、三相异步电动机的 Y—△启动控制实训等具体工作任务,引导讲授与具体工作相关联的线路接线、编程、调试,加强学生理解能力和程序设计能力。

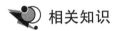

1 主控与主控复位指令 MC、MCR

MC 为主控指令,用于公共串联触点的连接;MCR 为主控复位指令。

在编程时,经常遇到多个线圈同时受一个或一组触点控制。如果在每个线圈的控制电路中都串入同样的触点,将多占用存储单元,程序就长,此时若使用 MC 指令则更为合理。使用主控指令的触点称为主控触点,它在梯形图中与一般触点垂直。它们是与母线相连的常开触点,像是控制一组电路的总开关。MC、MCR 指令的使用说明如图 5-26 所示。

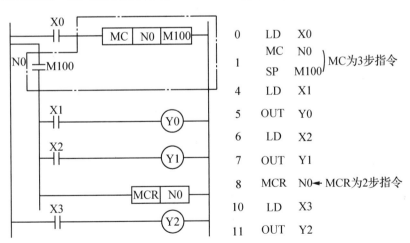

图 5-26 MC、MCR 指令

MC 指令是 3 程序步,MCR 是 2 程序步,两条指令的操作目标元件是 Y、M,但不允许使用特殊辅助继电器 M。

图 5-26 中的 X0 接通时,执行 MC 与 MCR 之间的指令。即 X0=ON,M100=ON,执行 N0 号 MC 指令,母线移到主控触点 M100 后面,执行串联触点以后的程序,直至 MCR N0 指令,MC 复位,公共母线恢复至 MC 触点之前。当 X0=OFF,即 M100=OFF,不执行 MC 与 MCR 之间程序。这部分程序中的非积算定时器,用 OUT 指令驱动的元件复位。积算定时器、计数器及用后述的 SET/RST 指令驱动的元件保持当前的状态。MC 指令可以嵌套使用,最多 8 级。

2 置位与复位指令 SET、RST

SET 为置位指令,使动作保持;RST 为复位指令,使操作复位。SET 指令的操作目标元件为 Y、M、S,而 RST 指令的操作元件为 Y、M、S、D、V、Z、T、C,这两条指令是 1—3 程序步指令。SET、RST 指令的使用说明如图 5-27 所示。

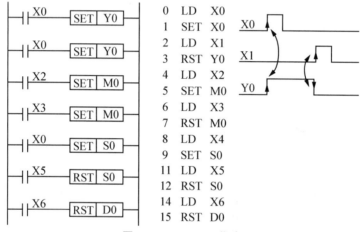

图 5-27 SET、RST 指令

由波形图可知,当 X0 一接通,即使再变成断开,Y0 也保持接通;X1 接通后,即使再变成断开,Y0 也保持断开。用 RST 指令可以对定时器、计数器、数据寄存器、变址寄存器的内容清零。

RST 复位指令对计数器、定时器的使用说明如图 5-28 所示。

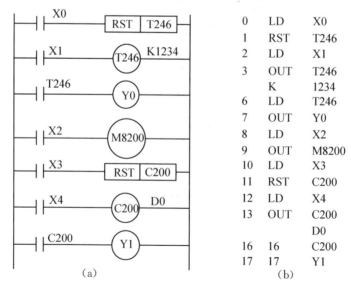

图 5-28 RST 指令用于 T、C

当X0接通时,T246复位;当前值成为0,其触点复位。

X1接通期间,T246对1ms的时钟脉冲计数,计到1234时(1ms×1234=1.234s),Y0动作。

32位计数器C200根据M8200的开、关状态进行加计数或减计数,它对X4触点的开关次数计数,C200输出触点状态取决于计数方向及是否达到D1、D0中所存的设定值。X3接通,输出触点复位,计数器C200当前值清零。

3 脉冲输出指令 PLS、PLF

PLS指令在输入信号上升沿产生脉冲输出;而PLF在输入信号下降沿产生脉冲输出,这两条指令都是2程序步,它们的目标元件是Y和M,但特殊辅助继电器不能作目标元件。PLS、PLF指令的使用说明如图5-29所示。

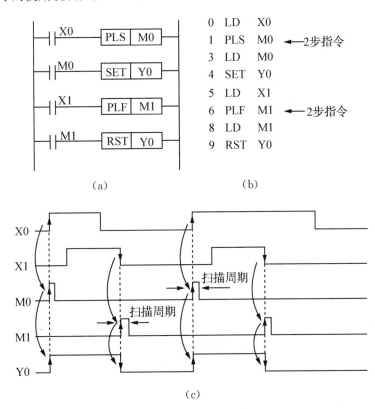

图 5-29 PLS、PLF 指令

当X0=ON,执行PLS指令,M0的脉冲输出宽度为一个扫描周期;X1=OFF,执行PLF指令,M1的脉冲输出宽度为一个扫描周期。

4 取反指令 INV

INV指令是将INV指令执行之前的运算结果取反的指令,该指令无操作目标元件。也就是说,执行INV指令前的运算结果为OFF,执行INV指令后的运算结果为ON。图5-30是INV指令的使用说明。

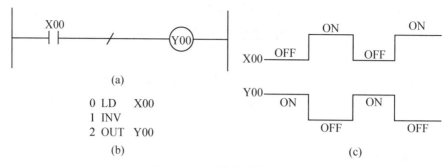

(a)

```
0 LD   X00
1 INV
2 OUT  Y00
```
(b)

(c)

图 5-30　INV 指令的使用说明

当 X00 断开，则 Y00 为接通；如果 X00 接通，则 Y00 断开。在能输入 AND、ANI、ANDP、ANDF 指令步的相同位置处，可编写 INV 指令，INV 指令不能像指令 LD、LDI、IDP、LDF 那样与母线连接，也不能像指令 OR、ORI、ORP、ORF 指令那样单独使用。INV 指令的功能是将执行 INV 指令之前存在的 LD、LDI、LDP 和 LDF 指令以后的运算结果取反，把 INV 指令的位置见到的 LD、LDI、LDP、LDF 以后的程序作为 INV 运算的对象并反转。

5　空操作指令 NOP

NOP 指令是一条无动作、无目标元件的 1 程序步指令。在 PLC 内将程序全部清除时，全部指令成为 NOP。NOP 指令的使用说明如图 5-31 所示。

空操作指令使该步序做空操作，在普通的指令与指令之间加入 NOP 指令，则 PLC 将无视其存在继续工作。若在程序中加入 NOP 指令，则在修改或追加程序时，可以减少步序号的变化。另外，若将已写入的指令换成 NOP 指令，则回路会发生严重变化，请务必注意。

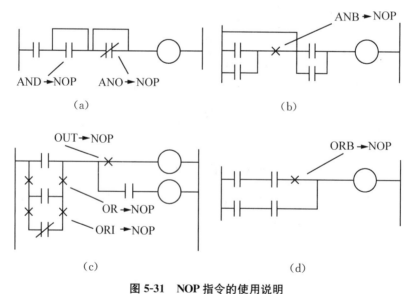

图 5-31　NOP 指令的使用说明

(a) 接触短路　(b) 短路前面全部电路　(c) 电路删除　(d) 前面电路部分删除

6　程序结束指令 END

END 指令是一条无目标元件的 1 程序步指令。在程序中写入 END 指令,则 END 指令以后的程序就停止执行,直接进行输出处理(同时刷新监视时钟)。程序调试中或软件故障分析时,可以利用 END 指令分段调试,确认无误后,依次删除 END 指令。

5.2.2　定时器的用法

FX2N 系列 PLC 的定时器见表 5-3。

表 5-3　FX2N 系列 PLC 定时器分类

定时器名称	编号范围	点　　数	计时范围
100 ms 定时器	T0～T199	200	0.1～3276.7 s
10 ms 定时器	T200～T245	46	0.01～327.67 s
1 ms 累计定时器	T246～T249	4	0.001～32.767 s
100 ms 累计定时器	T250～T255	6	0.1～3276.7 s

定时器 T 的使用说明:

(1) 定时器是根据时钟脉冲累计计时的,时钟脉冲周期有 1 ms、10 ms、100 ms 三种规格,定时器的工作过程实际上是对时钟脉冲计数。

(2) 定时器有一个设定值寄存器,一个当前值寄存器。这些寄存器都是 16 位(即数值范围是 1～32 767),计时时间为设定值乘以定时器的计时单位(时钟脉冲周期)。

(3) 每个定时器都有一个常开和常闭接点,这些接点可以无限次引用。

(4) 定时器满足计时条件时开始计时,定时时间到时其常开接点闭合,常闭接点断开。

与普通定时器不同的是,累计定时器在计时中途线圈或 PLC 断电时,当前值寄存器中的数据可以保持;当线圈重新通电时,当前值寄存器在原来数据的基础上继续计时,直到累计时间达到设定值,定时器动作。累计定时器的当前值寄存器数据只能用复位指令清零。

普通定时器 T0 的用法如下:

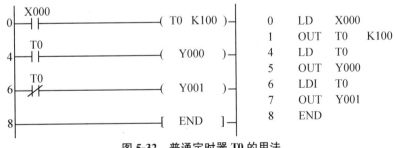

图 5-32　普通定时器 T0 的用法

5.2.3　计数器的用法

FX2N 系列 PLC 有 256 个计数器,地址编号为 C0～C255,其中 C0～C224 为普通计数器,C235～C255 为高速计数器。高速计数器将在后续任务中介绍,FX2N 系列 PLC 的常用计数器见表 5-4。

表 5-4　普通计数器 C 分类表

计数器名称		编号范围	点　数	计　数　范　围
16 位增计数器	普通用	C0～C99	100	0～32767
	掉电保持用	C100～C199	100	0～32767
32 位增减计数器	普通用	C200～C219	20	−2147483648～2147483647
	掉电保持用	C220～C234	15	−2147483648～2147483647

1　普通计数器 C 的使用说明

（1）计数器的功能是对输入脉冲进行计数,计数发生在脉冲的上升沿,达到计数器设定值时,计数器接点动作。每个计数器都有一个常开和常闭接点,可以无限次引用。

（2）计数器有一个设定值寄存器,一个当前值寄存器。16 位计数器的设定值范围是 1～32767,32 位增减计数器的设定值范围是 −2147483648～2147483647。

（3）普通计数器在计数过程中发生断电,则前面所计的数值全部丢失,再次通电后从 0 开始计数。

（4）掉电保持计数器在计数过程中发生断电,则前面所计数值保存,再次通电后从原来数值的基础上继续计数。

（5）计数器除了计数端外,还需要一个复位端。

（6）32 位增减计数器是循环计数方式。

2　16 位增计数器（C0～C199）

图 5-33 所示的梯形图中,X0、X1 分别是计数器 C0 的复位和脉冲信号输入端。每当 X1 接通一次,C0 的当前值就加 1,当 C0 的当前值与设定值 K5 相等时,计数器的常开触点 C0 闭合,Y0 通电。当 X0 闭合时,C0 复位,C0 的常开触点断开,Y0 断电。

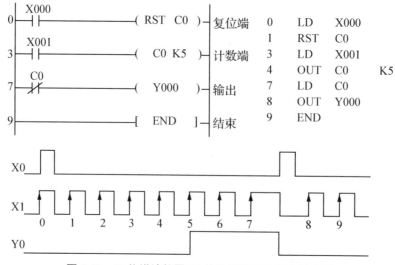

图 5-33　16 位增计数器 C0 的监控程序与动作时序图

3　32位增减计数器(C200～C234)

增减计数器(又可称为双向计数器)有增计数和减计数两种工作方式,其计数方式由特殊辅助继电器 M8200～M8234 的状态决定,M8□□□的状态 ON 是减计数,状态 OFF 或者程序中不出现 M8□□□是增计数。

普通用32位增减计数器的工作过程如图5-34所示。X0 为计数方式控制端,X1 为复位端,X2 为计数信号输入端,控制 C201 计数器进行计数操作。计数器的当前值－4 加到－3(增大)时,其接点接通(置1),当计数器的当前值由－2 减到－3 时(减小)时,其接点断开(置0)。

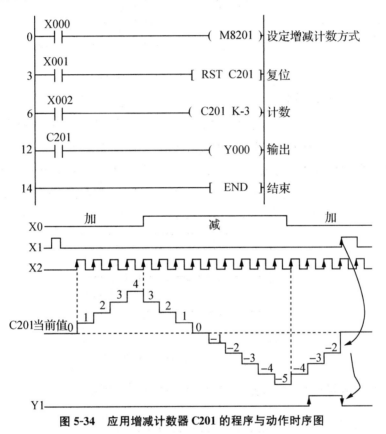

图 5-34　应用增减计数器 C201 的程序与动作时序图

5.2.4　定时器与计数器编程应用

1　延时断开电路

控制要求:输入条件 X0 为 ON,输出 Y0 也为 ON;当输入 X0 由 ON→OFF,则输出 Y0 延时一定时间(100 ms×50＝5 s)才断开。

图 5-35 是输出延时断开的梯形图、语句表和时序波形图。

图 5-35　延时断开电路

当输入 X0＝ON 时，Y0 也为 ON；并且输出 Y0 的触点自锁保持 Y0 接通；当 X0 为 OFF，定时器 T0 工作 100 ms×50＝5000 ms＝5 s 后，定时器 T0 的常闭触点断开，Y0 也断开。

2　定时器的延时扩展电路

定时器的计时时间都有一个最大值，如 100ms 的定时器最大计时时间为 3276.7s。如果在应用时所需的延时时间大于这个数值怎么办？一个简单的方法是采用定时器接力方式，即先启动一个定时器计时，计时时间到时，用第一只定时器的常开触点启动第二只定时器，使用第二只定时器的触点去控制被控对象。图 5-36 是一个定时器延时扩展电路。

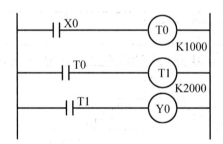

图 5-36　定时器接力延时电路

还可以利用计数器配合定时器获得长延时，图 5-37 就是一个定时器配合计数器长延时电路。

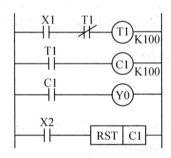

图 5-37　定时器配合计数器长延时电路

图中常开触点 X1 是这个电路的工作条件，当 X1 由 OFF 到 ON 时，电路开始工作。

在定时器 T1 的线圈回路中接有定时器 T1 的常闭触点，它使得定时器 T1 每隔 1 ms 接通一次，接通时间为一个扫描周期。

定时器的每一次接通都使计数器 C1 计一次数，当计到计数器的设定值时，被控工作对象 Y0 接通。

从 X1 接通为始点的延时时间为定时器的设定值乘以计数器的设定值。X2 是计数器 C1 的复位条件。

3　分频电路

图 5-38 所示是一个二分频电路。

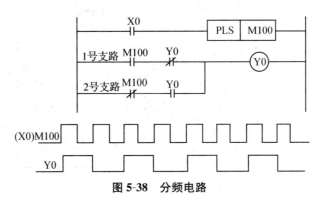

图 5-38　分频电路

当分频的脉冲信号加在 X0 端,在第一个脉冲信号到来时,M100 产生一个扫描周期的单脉冲,M100 的常开触点闭合一个扫描周期。

这时确定 Y0 状态的前提是 Y0 置 0,M100 置 1。图 5-38 中 Y0 工作条件的两个支路中 1 号支路接通,Y0 置 1。第一个脉冲到来一个扫描周期后,M100 置 0,Y0 置 1,在这样的条件下分析 Y0 的状态,第二个支路使 Y0 保持置 1。

当第二个脉冲到来时,M100 再产生一个扫描周期的单脉冲,这时 Y0 置 1,M100 也置 1,这使得 Y0 的状态由置 1 变为置 0。第二个脉冲到来一个扫描周期后,Y0 置 0 且 M100 也置 0,Y0 仍旧置 0 直到第三个脉冲到来。

因第三个脉冲到来时 Y0 及 M100 的状态和第一个脉冲到来时完全相同,Y0 的状态变化将重复前边讨论过的过程。由分析可知,X0 每送入两个脉冲,Y0 产生一个脉冲,完成了输入信号分频。

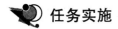 **任务实施**

一、任务描述

由电机及拖动基础知识可知,三相交流异步电动机启动时电流较大,一般是额定电流的 5～7 倍。故对于功率较大的电动机,应采用降压启动方式,Y—△降压启动是常用的方法之一。采用 Y—△降压启动方法启动电动机时,定子绕组首先接成星形,待转速上升到接近额定转速时,再将定子绕组的接线换成三角形,电动机便进入全电压正常运行状态。图 5-39 为继电器—接触器实现的 Y—△降压启动控制电路,现要求用可编程控制器实现该任务。

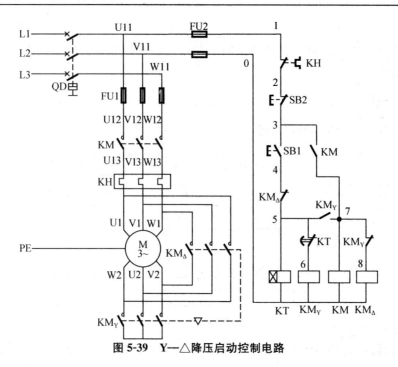

图 5-39　Y—△降压启动控制电路

控制要求：当按下启动按钮 SB1 时，电动机绕组 Y 形连接启动，6s 后自动转为△形连接运行。当按下停上按钮 SB2 时，电动机停机。

二、硬件设计

1　硬件选型

1）PLC 选型

由于控制对象单一，控制过程简单，I/O 点数很少，系统没有其他特殊要求，故本任务选用三菱 FX2N-32MR 为宜，采用 220 V、50 Hz 的交流电源供电，接在 L、N 端。

2）输入电路

输入电路由启动按钮 SB1、停止按钮 SB2 组成，采用 24 V 直流电源，由 PLC 本身供电。

3）输出电路

输出电路三个交流接触器组成，额定电压为 220 V，由外部电源供电，熔断器用于短路保护。

2　资源分配

根据 Y—△降压启动的控制要求，所用器件的资源分配如表 5-5 所示，相应的 I/O 接线图如图 5-40 所示。

表 5-5　电动机 Y—△降压启动 I/O 分配表

输　　入			输　　出		
输入继电器	输入元件	作　　用	输出继电器	输出元件	作　　用
X0	SB1	启动按钮	Y0	接触器 KM1	电源接触器
X1	SB2	停止按钮	Y1	接触器 KM2	Y 启动接触器
X2	FR	热继电器	Y2	接触器 KM3	△运行接触器

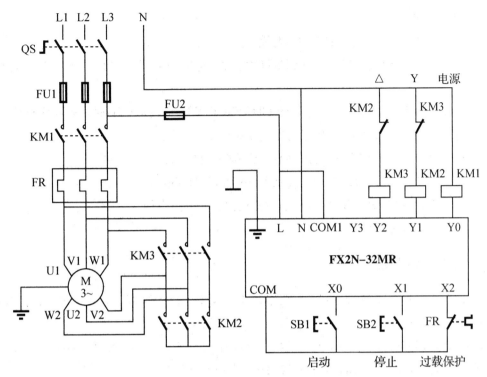

图 5-40　电动机 Y—△降压启动接线图

3　硬件安装

将 PLC 与热源、高电压和电子噪声隔离开，为接线和散热留出适当的空间；电源定额；接地和接线。

三、软件设计

1　软件编程

利用基本指令编制的程序如图 5-41 所示。

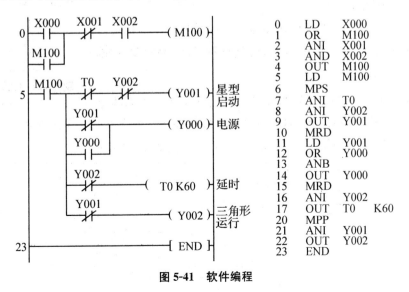

图 5-41　软件编程

2 程序调试

1）在断电状态下，连接好 PC/PPI 电缆。

2）将 PLC 运行模式选择开关拨到 STOP 位置，此时 PLC 处于停止状态，可以进行程序编写。

3）在作为编程器的计算机上，运行 SWOPC-FXGP/WIN-C 或 GX Developer 编程软件。

4）将图 5-41 所示的梯形图程序输入到计算机中。

5）执行"PLC"→"传送"→"写出"命令，将程序文件下载到 PLC 中。

6）将 PLC 运行模式的选择开关拨到 RUN 位置，使 PLC 进入运行方式。

7）按下启动按钮，对程序进行调试运行，观察程序的运行情况。

8）记录程序调试的结果。

练习与思考题

1. 天塔之光示意图如图 5-42 所示。按下启动按钮 SB1 时，指示灯按下述规律点亮，按下停止按钮 SB2 时系统停止。

（1）隔两灯闪烁：L1、L4、L7 亮，1 秒后灭，接着 L2、L5、L8 亮，1 秒后灭，接着 L3、L6、L9 亮，1 秒后灭，接着 L1、L4、L7 亮，1 秒后灭……如此循环。

（2）发射型闪烁：L1 亮，2 秒后灭，接着 L2、L3、L4、L5 亮 2 秒后灭，接着 L6、L7、L8、L9 亮 2 秒后灭，接着 L1 亮，2 秒后灭……如此循环。

根据上述规律，首先对控制系统的 PLC、输入按钮、输出用指示灯进行选型，然后进行 I/O 地址分配、接线，最后编写控制程序及注释，下传到 PLC 中，并进行调试。

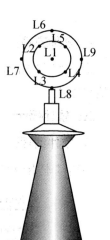

图 5-42 天塔之光示意图

2. 图 5-43 所示是三条皮带运输机的工作示意图。对于这三条皮带运输机的控制要求是：

（1）按下启动按钮，1 号传送带运行 2s 后，2 号传送带运行，2 号传送带再运行 2s 后 3 号传送带再开始运行，即顺序启动，以防止货物在皮带上堆积。

（2）按下停止按钮，3 号传送带先停止，2s 之后 2 号传送带停止，再过 2s 后 1 号传送带停止，即逆序停止，以保证停车后皮带上不残存货物。

试列出 I/O 分配表与编写梯形图。

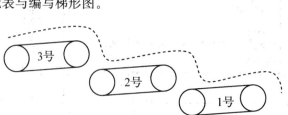

图 5-43 三条皮带运输机工作示意图

任务 5.3　自动门 PLC 控制设计

学习目标

1. 知识目标

(1) PLC 的型号、安装和接线；

(2) PLC 的顺序功能图及编程方法；

(3) 程序流程图的绘制方法；

(4) 功能指令的练习。

2. 能力目标

(1) 会选择使用 PLC；

(2) 会用功能指令进行编程；

(3) 会利用起保停编程方式进行编程；

(4) 会对编程中出现的问题进行检查并修正；

(5) 能对自动门的程序进行调试与维护。

任务描述

以 PLC 程序控制设计为载体，通过 PLC 基本操作与基本电路的编程、自动门 PLC 控制设计实训等具体工作任务，引导讲授与具体工作相关联的线路接线、编程、调试，加强学生理解能力和程序设计能力。

相关知识

PLC 的应用范围越来越广，特别是涉及模拟量、数字量信号处理，不仅在硬件构成上使 PLC 产品不断更新，促使各种特殊功能模块诞生，PLC 的运算速度更快，存储容量更大，而且由于程序中有大量的数据传送、数据处理以及数值运算等工作，应用程序结构也越来越复杂，要求 PLC 的系统程序功能更强，各种专用的功能子程序更丰富。FX2r4 系列 PLC 除了有 27 条基本指令、2 条步进指令外，还有丰富的功能指令。功能指令实际上就是许多功能不同的子程序调用，既能简化程序设计，又能完成复杂的数据处理、数值运算、提升控制功能和信息化处理能力。

5.3.1　位元件与字元件

1　位元件

只具有接通(ON 或 1)或断开(OFF 或 0)两种状态的元件称为位元件。

2 字元件

字元件是位元件的有序集合,FX 系列的字元件最少 4 位,最多 32 位,其范围见表 5-6。

表 5-6 字元件范围

符　　号	表　示　内　容
KnX	输入继电器位元件组合的字元件,也称为输入位组件
KnY	输出继电器位元件组合的字元件,也称为输出位组件
KnM	辅助继电器位元件组合的字元件,也称为辅助位组件
KnS	状态继电器位元件组合的字元件,也称为状态位组件
T	定时器 T 的当前值寄存器
C	计数器 C 的当前值寄存器
D	数据寄存器
V、Z	变址寄存器

1）位组件

多个位元件按一定规律的组合叫位组件,例如输出位组件 KnY0,K 表示十进制,n 表示组数,n 的取值为 1～8,每组有 4 个位元件,Y0 是输出位组件的最低位。KnY0 的全部组合及适用指令范围如表 5-7 所示。

表 5-7　KnY0 的全部组合及适用指令范围

指令适用范围		KnY0	包含的位元件 最高位～最低位	位元件个数
n 取值 1～8 适用 32 位指令	n 取值 1～4 适用 16 位指令	K1Y0	Y3～Y0	4
		K2Y0	Y7～Y0	8
		K3Y0	Y13～Y0	12
		K4Y0	Y17～Y0	16
	n 取值 5～8 只能使用 32 位指令	K5Y0	Y23～Y0	20
		K6Y0	Y27～Y0	24
		K7Y0	Y33～Y0	28
		K8Y0	Y37～Y0	32

2）数据寄存器 D、V、Z

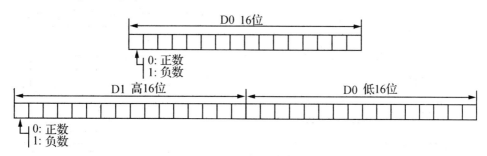

图 5-44 16 位与 32 位数据寄存器

表 5-8 数据寄存器 D、V、Z 元件编号与功能

通　　用	停电保持用 （可用程序变更）	停电保持专用 （不可变更）	特　殊　用	变　址　用
D0～D199 共 200 点	D200～D511 共 312 点	D512～D7999 共 7488 点	D8000～D8195 共 106 点	V7-V0,Z7-Z0 共 16 点

16 位数据寄存器所能表示的有符号数的范围为 K－32768～32767。

32 位数据寄存器所能表示的有符号数的范围为 K－2147483 648～2147483647。

5.3.2　程序流向控制功能指令（FNC00～FNC09 共 10 条）

1　条件跳转指令 CJ、CJ(P)（FNC00）

该指令用于某种条件下跳过 CJ 指令和指针标号之间的程序,从指针标号处连续执行,以减少程序执行扫描时间。条件跳转指令 CJ 的使用说明如图 5-45 所示。CJ 指令的目标元件是指针标号,其范围是 P0～P63（允许变址修改）,该指令程序步为 3 步,标号占 1 步。

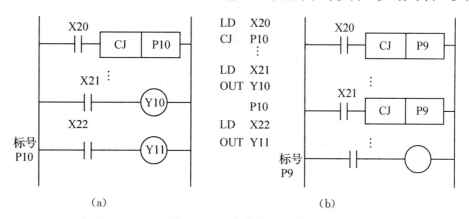

（a）　　　　　　　　　　　　　　　　　（b）

图 5-45　CJ 指令使用说明

2　子程序调用指令 CALL、CALL(P)（FNC01）与子程序返回指令 SRET（FNC02）

CALL 和 CALL(P)称为子程序调用功能指令,用于在一定条件下调用并执行子程序。该指令的目标操作元件是指针标号 P0～P62（允许变址修改）。图 5-46 是 CALL、CALL(P)指令的使用说明。

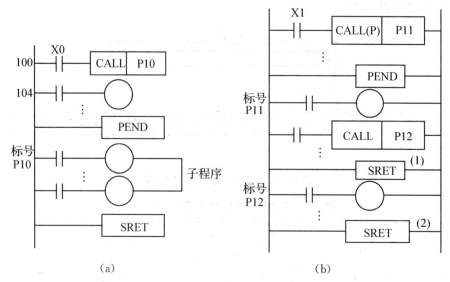

图 5-46 CALL、CALL(P)指令的使用说明

3 中断指令 IRET、EI、DI(功能号分别为 FNC03、FNC04、FNC05)

FX2N 系列 PLC 设置有 9 个中断点(每个中断点占 1 个程序步),并有 3 条中断指令即 IRET 中断返回指令,EI 允许中断指令,DI 禁止中断指令。中断信号从 X0~X5 输入,某些定时器也可作为中断源。图 5-47 是 3 条中断指令的使用说明。

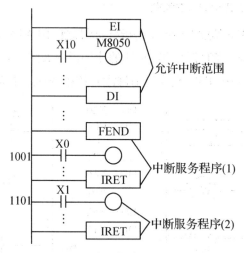

图 5-47 中断指令的使用说明

PLC 通常处于禁止中断状态,而 EI 与 DI 指令之间的程序段为允许中断区间。

当程序扫描到该区间并且出现中断信号时,则停止执行主程序,转去执行相应的中断子程序,处理到中断返回指令 IRET,返回原断点,继续执行主程序。

4 主程序结束指令 FEND(FNC06)

FEND 指令表示主程序结束,是一步指令,无操作目标元件。

图 5-48 是 FEND 指令的使用说明。由图可见 CALL 和 CJ 指令的区别。

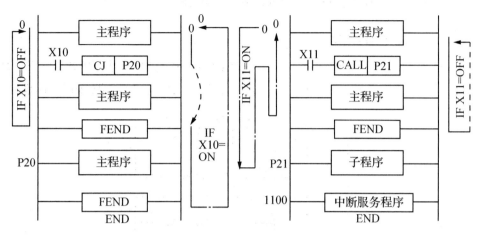

图 5-48　FEND 指令的使用说明

5　警戒时钟指令 WDT(FNC07)

该指令也有连续型和脉冲执行型两种工作方式。

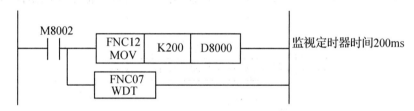

图 5-49　WDT 指令使用说明

6　循环开始指令 FOR(FNC08)与循环结束指令 NEXT(FNC09)

PLC 程序运行中,需对某一段程序重复多次执行后再执行以后的程序,则需要循环指令。循环指令的循环开始指令(FOR)和循环结束指令(NEXT)必须成对使用,这一对指令的使用说明示于图 5-50 中。

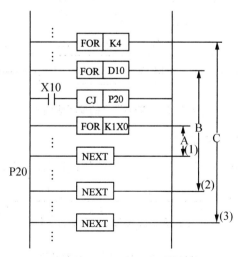

图 5-50　FOR、NEXT 指令

5.3.3 传送和比较指令(FNC10~FNC19 共 10 条)

1 比较指令 CMP(FNC10)

比较指令 CMP 是将源操作数[S1]和源操作数[S2]进行比较,结果送到目标操作数[D]中,比较结果有大于、等于、小于 3 种情况。比较指令 CMP 的使用说明如图 5-51 所示。

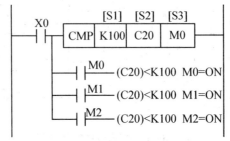

图 5-51　CMP 指令的使用说明

2 区间比较指令 ZCP(FNC11)

区间比较指令 ZCP 是将一个数据与两个源数据进行比较,该指令的使用说明如图 5-52 所示。

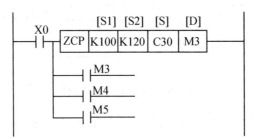

图 5-52　ZCP 指令的使用说明

3 传送指令 MOV(FNC12)

传送指令是将源操作数传送到指定的目标操作数,即[S]→[D]。

传送指令 MOV 的使用说明如图 5-53 所示。

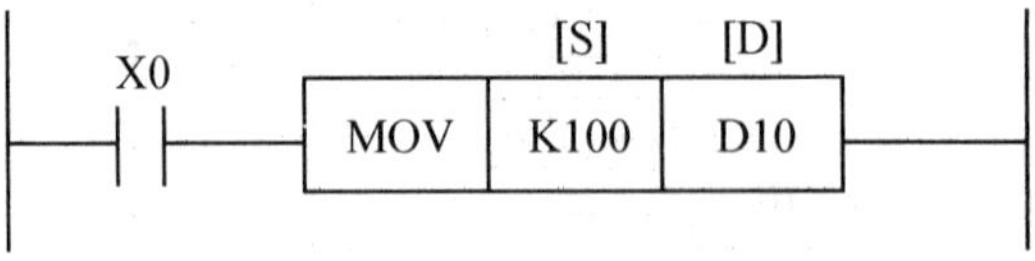

图 5-53　MOV 指令的使用说明

4 移位传送指令 SMOV(FNC13)

SMOV 指令的使用说明如图 5-54 所示。移位传送过程如图 5-55 所示。

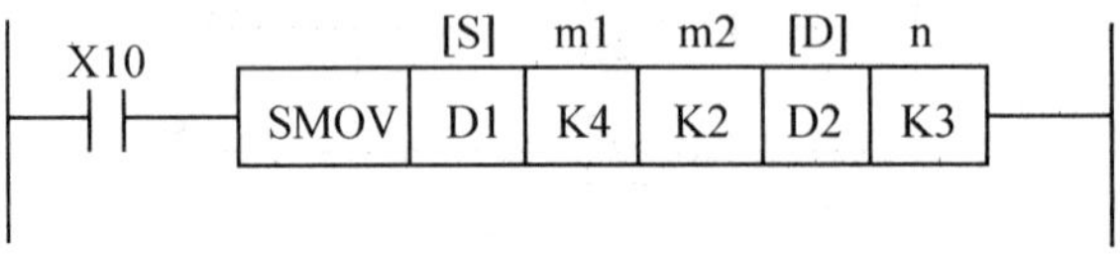

图 5-54　SMOV 指令的使用说明

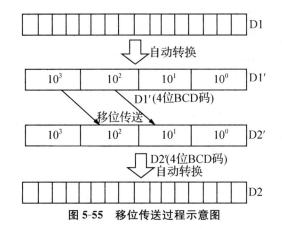

图 5-55 移位传送过程示意图

应用 SMOV 指令,可以方便地将不连续的若干输入端输入的数组合成一个数,其梯形图如图 5-56 所示。

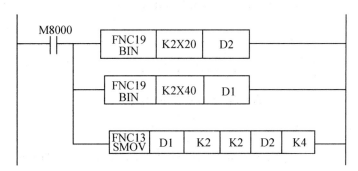

图 5-56 应用 SMOV 指令实例

5 取反传送指令 CML(FNC14)

CML 指令的功能是将源操作数中的数据逐位取反并传送到指定目标操作数。CML 指令的梯形图格式如图 5-57 所示。

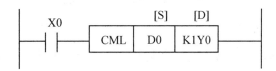

图 5-57 CML 指令的使用说明

6 块传送指令 BMOV(FNC15)

BMOV 指令的功能是将源操作数指定元件开始的 n 个数据组成的数据块传送到指定的目标中去。图 5-58 是 BMOV 指令的使用说明。

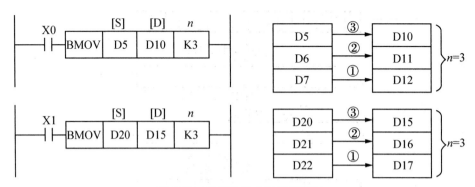

图 5-58　BMOV 指令的使用说明

7　多点传送指令 FMOV（FNC16）

FMOV 指令是将源操作数中的数据传送到指定目标开始的 n 个元件中去，这 n 个元件中的数据完全相同。FMOV 指令的梯形图格式如图 5-59 所示。

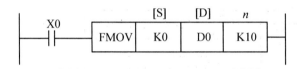

图 5-59　FMOV 指令的使用说明

8　数据交换指令 XCH（FNC17）

XCH 指令是将数据在指定的目标之间进行交换的功能，该指令的梯形图格式如图 5-60 所示。

图 5-60　XCH 指令的使用说明

9　BCD 变换指令（FNC18）

BCD 变换指令是将源操作数中的二进制数转换成 BCD 码并送到目标操作数中去，BCD 变换指令的梯形图格式如图 5-61 所示。

图 5-61　BCD 指令的使用说明

10　BIN 变换指令（FNC19）

BIN 变换指令是将源元件中的 BCD 码转换成二进制数据送到目标元件中去，BIN 变换指令的梯形图格式如图 5-62 所示。

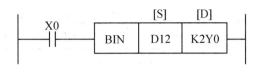

图 5-62 BIN 指令的使用说明

BIN 指令常用于将 BCD 数字开关串设定值输入到 PLC 中去。

传送比较指令的主要用途可以归纳下面几点：

(1) 用以获得程序的初始工作数据：一个控制程序总归需要初始数据。

(2) 机内数据的存取和管理：PLC 运行时，机内数据的传送是大量的。

(3) 运算处理结果要向输出端口传送。

(4) 比较指令常用于建立控制点。

5.3.4 循环与移位指令(FNC30～FNC39 共 10 条)

1 右循环移位指令 ROR(FNC30)、左循环移位指令 ROL(FNC31)

两条指令的梯形图格式如图 5-63 所示。

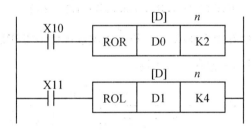

图 5-63 ROR 和 ROL 指令的使用说明

2 带进位右循环移位指令 RCR(FNC32)、带进位左循环移位指令 RCL(FNC33)

这两条指令的梯形图格式如图 5-64 所示。

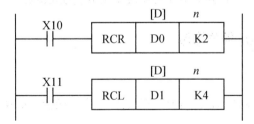

图 5-64 RCR 和 RCL 指令的使用说明

3 位右移指令 SFTR(FNC34)、位左移指令 SFTL(FNC35)

这两条指令的梯形图格式如图 5-65 所示。

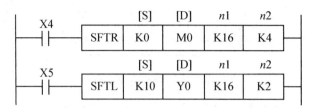

图 5-65　SFTR 和 SFTL 指令的使用说明

4　字右移指令 WSFR(FNC36)、字左移指令 WSFL(FNC37)

这两条指令的梯形图格式如图 5-66 所示。

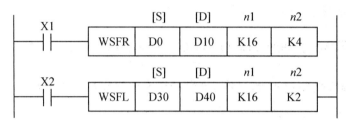

图 5-66　WSFR 和 WSFL 指令的使用说明

5　先入先出写入指令 SFWR(FNC38)、先入先出读出指令 SFRD(FNC39)

这两条指令的梯形图格式如图 5-67 所示。

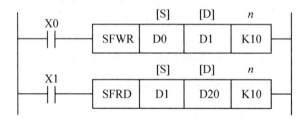

图 5-67　SFWR 和 SFRD 指令的使用说明

5.3.5　状态流程图的编程方法

1　状态的三要素

对状态流程图进行编程,不仅是使用 STL、RET 指令的问题,还要搞清楚状态的特性及要素。

状态流程图中的状态有驱动负载、指定转移目标和指定转移条件三个要素。其中指定转移目标和指定转移条件是必不可少,而驱动负载则视具体情况,也可能不进行实际的负载驱动。图 5-68 说明了状态流程图和梯形图的对应关系。其中 Y5 为其驱动的负载,S21 为其转移目标,X3 为其转移条件。

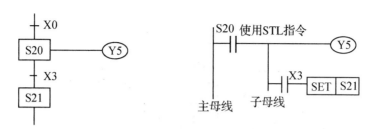

图 5-68 状态流程图与梯形图对应关系

2 状态流程图的编程方法

（1）步进顺控的编程原则为：先进行负载驱动处理，然后进行状态转移处理。图 5-68 的程序如下：

SEL	S20	使用 STL 指令
OUT	Y5	进行负载驱动处理
LD	X3	转移条件
SET	X21	进行转移处理

从程序可看到，负载驱动及转移处理，首先要使用 STL 指令，这样保证负载驱动和状态转移均是在子母线上进行。状态的转移使用 SET 指令，但若为向上转移、向相连的下游转移或向其他流程转移，称为顺序不连续转移。非连续转移不能使用 SET 指令，而用 OUT 指令。

（2）采用"起—保—停"电路实现的选择序列的编程方法如图 5-69 所示。

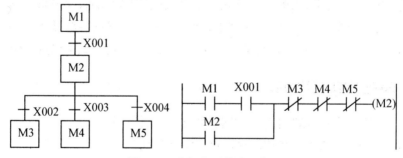

图 5-69 选择序列的编程方法

分支的编程方法：

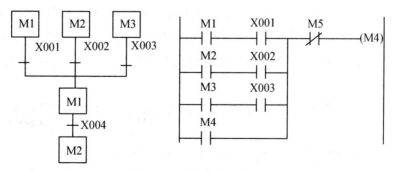

图 5-70 分支的编程方法

合并的编程方法：

注意：仅有两步的闭环处理如下。

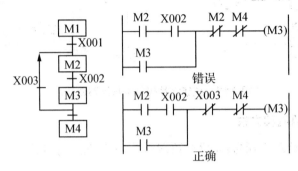

图 5-71　合并的编程方法

3　状态的开启与关闭及状态流程图执行的特点

STL 指令的含义是提供一个步进接点，其对应状态的三个要素均在步进接点之后的子母线上实现。若对应的状态是开启的（即"激活"），则状态的负载驱动和转移才有可能。若对应状态是关闭的，则负载驱动和状态转移就不可能发生。因此，除初始状态外，其他所有状态只有在其前一个状态处于激活且转移条件成立时才能开启。同时一旦下一个状态被"激活"，上一个状态会自动关闭。

从 PLC 程序的循环扫描执行原理出发，在状态编程程序段落中，所谓"激活"可以理解为该段程序被扫描执行，而"关闭"则可以理解为该段程序被跳过，未能扫描执行。这样，状态流程图的分析就变得条理十分清楚，无需考虑状态时间的繁杂联锁关系，可以理解为"只干自己需要干的事，无需考虑其他"。另外，这也方便程序的阅读理解，使程序的试运行、调试、故障检查与排除变得非常容易，这就是运用状态编程思想解决顺控问题的优点。

5.3.6　编程要点及注意事项

（1）状态编程顺序为：先进行驱动，再进行转移，不能颠倒。

（2）对状态处理，编程时必须使用步进接点指令 STL。

（3）程序的最后必须使用步进返回指令 RET，返回主母线。

（4）驱动负载使用 OUT 指令。当同一负载需要连续多个状态驱动，可使用多重输出，也可使用 STL 指令将负载置位，等到负载不需驱动时用 RST 指令将其复位。在状态程序中，不同时"激活"的"双线圈"是允许的。另外相邻状态使用的 T、C 元件，编号不能相同。

（5）负载的驱动、状态转移条件可能为多个元件的逻辑组合，视具体情况，按串、并联关系处理，不遗漏。

（6）若为顺序不连续转移，不能使用 SET 指令进行状态转移，应改用 OUT 指令进行状态转移。

（7）在 STL 与 RET 指令之间不能使用 MC、MCR 指令。

（8）初始状态可由其他状态驱动，但运行开始必须用其他方法预先作好驱动，否则状态流程不可能向下进行。一般用系统的初始条件,若无初始条件,可用 M8002(PLC 从 STOP →RUN 切换时的初始脉冲)进行驱动。需在停电恢复后继续原状态运行时,可使用 S500→ S899 停电保持状态元件。

5.3.7　选择性分支、汇合的编程

编程原则是先集中处理分支状态,然后再集中处理汇合状态。

1　分支状态的编程

编程方法是先进行分支状态的驱动处理,再依顺序进行转移处理。

S20 的分支状态见图 5-72。

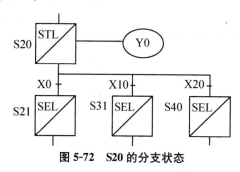

图 5-72　S20 的分支状态

按分支状态的编程方法,首先对 S20 进行驱动处理(OUT Y0),然后按 S21、S31、S41 的顺序进行转移处理,程序如下:

STL	S20		LD	X10	
OUT	Y0	驱动处理	SET	S31	转移到第二分支状态
LD	X0		LD	X20	
SET	S21	转移到第一分支状态	SET	S41	转移到第三分支状态

2　汇合状态的编程

编程方法是先进行汇合前状态的驱动处理,再依顺序进行向汇合状态的转移处理。

汇合状态及汇合前状态,如图 5-73 所示。

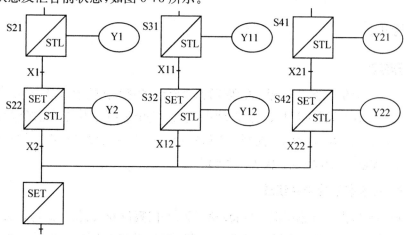

图 5-73　汇合状态 S50

按照汇合状态的编程方法,依次将 S21、S31、S32、S41、S42 的输出进行处理,然后按顺序进行从 S22(第一分支)、S32(第二分支)、S42(第三分支)向 S50 的转移。汇合程序如下:

STL	S21	第一分支汇合前的驱动处理		STL	S22	汇合前的驱动处理
OUT	Y1			LD	X2	
LD	X1			SET	S50	由第一分支转移到汇合点
SET	S22			STL	S32	
STL	S22			LD	X12	
OUT	Y2			ET	S50	由第二分支转移到汇合点
STL	S31	第二分支汇合前的驱动处理		STL	S42	
OUT	Y11			LD	X22	
LD	X11			SET	S50	由第三分支转移到汇合点
SET	S32					
STL	S32					
OUT	Y12					
STL	S41	第三分支汇合前的驱动处理				
OUT	Y21					
LD	X21					
SET	S42					
STL	S42					
OUT	Y22					

任务实施

一、任务描述

自动门已广泛应用于银行、酒店、大型商场等场合,方便人们的出行,特别是身体不便和身体有残疾的人。在自动门控制系统的设计中,稳定、安全是首先需要考虑的因素。过去的自动门系统一般采用逻辑控制模块控制,因故障率高、可靠性低、维修不方便等原因而逐步被淘汰,可编程控制器的应用就解决了这些问题。

1 自动门控制装置的硬件组成

自动门控制装置由红外感应器、开门减速开关、开门限位开关、关门减速开关、关门限位开关、开门执行机构(电动机正转)、关门执行机构(电动机反转)等部件组成,如图 5-74

所示。

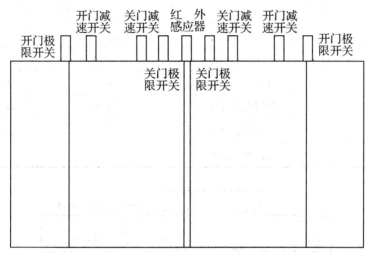

图 5-74　自动门控制装置示意图

2　控制要求

人靠近自动门时,红外感应器为 ON,驱动电动机高速开门,碰到开门减速开关时,变为低速开门,碰到开门极限开关时电动机停止转动,开始延时。若在 0.5s 内红外感应器检测到无人,驱动电动机高速关门,碰到关门减速开关时,改为低速关门,碰到关门极限开关时电动机停止转动。在关门期间若感应器检测到有人,停止关门,延时后自动转换为高速开门。

要求用步进顺控指令来实现自动门控制系统,画出功能流程图并转换成梯形图和指令表。

二、硬件设计

1　硬件选型

1) PLC 选型

由于控制对象单一,控制过程简单,I/O 点数很少,系统没有其他特殊要求,故本任务选用三菱 FX2N-32MR 为宜,采用 220 V、50 Hz 的交流电源供电,接在 L、N 端。

2) 输入电路

输入电路由红外感应器、开门减速开关、开门极限开关、关门减速开关和关门极限开关组成,全部采用 24 V 直流电源,由 PLC 本身供电。

3) 输出电路

输出电路由高低速开门和高低速关门 4 个接触器组成,额定电压为 220 V,由外部电源供电,熔断器用于短路保护。

2　资源分配

根据自动门的控制要求,所用器件的资源分配如表 5-9 所示,相应的 I/O 接线图如图 5-75所示。

表 5-9　自动门资源分配表

输　　入		输　　出	
输入继电器	作　用	输出继电器	作　用
X000	红外感应器	Y000	电动机高速开门
X001	开门减速开关	Y001	电动机低速开门
X002	开门极限开关	Y002	电动机高速关门
X003	关门减速开关	Y003	电动机低速关门
X004	关门极限开关		

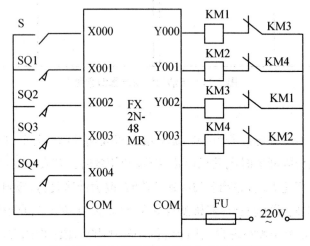

图 5-75　自动门控制 PLC 输入/输出接线图

3　硬件安装

将 PLC 与热源、高电压和电子噪声隔离开,为接线和散热留出适当的空间;电源定额;接地和接线。

三、软件设计

1　软件编程

自动门控制的功能流程图如图 5-76 所示,相应的梯形图如图 5-77 所示。

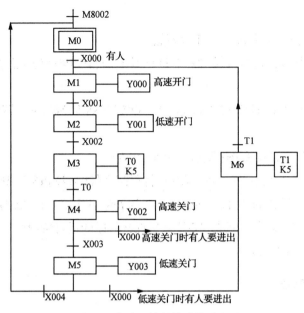

图 5-76 自动门控制的功能流程图

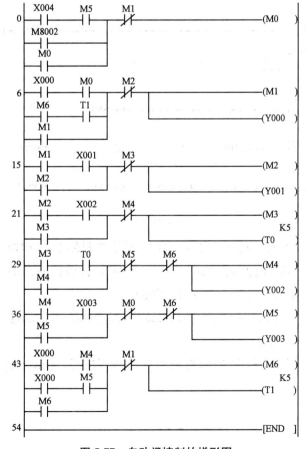

图 5-77 自动门控制的梯形图

2　程序调试

（1）在断电状态下，连接好 PC/PPI 电缆。

（2）将 PLC 运行模式选择开关拨到 STOP 位置，此时 PLC 处于停止状态，可以进行程序编写。

（3）在作为编程器的计算机上，运行 SWOPC-FXGP/WIN-C 或 GX Developer 编程软件。

（4）将图 5-77 所示的梯形图程序输入到计算机中。

（5）执行"PLC"→"传送"→"写出"命令，将程序文件下载到 PLC 中。

（6）将 PLC 运行模式的选择开关拨到 RUN 位置，使 PLC 进入运行方式。

（7）按下启动按钮，对程序进行调试运行，观察程序的运行情况。

（8）记录程序调试的结果。

练习与思考题

1. 将图 5-78 所示的梯形图转换成指令表，并分析其功能。

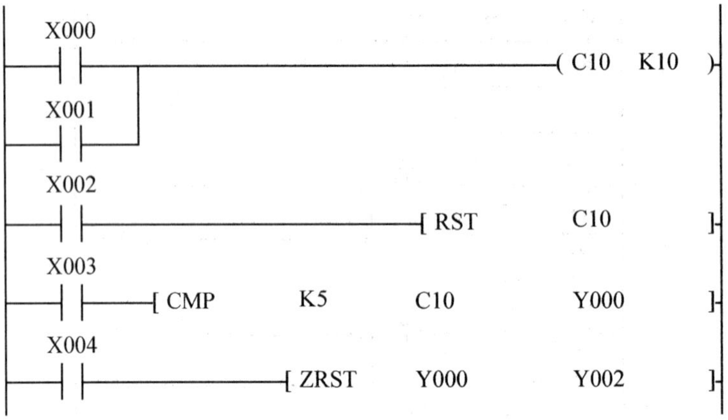

```
    X000
 ├──┤├──┬──────────────────────────────────( C10   K10 )
    X001 │
 ├──┤├──┘

    X002
 ├──┤├────────────────────[ RST      C10         ]

    X003
 ├──┤├──[ CMP      K5       C10      Y000         ]

    X004
 ├──┤├──────────[ ZRST     Y000      Y002         ]
```

图 5-78

2. 设计程序实现下列功能：当 X001 接通时，计数器每隔 1 秒计数。当计数数值小于 50 时，Y010 为 ON，当计数数值等于 50 时，Y011 为 ON，当计数数值大于 50 时，Y012 为 ON。当 X001 为 OFF 时，计数器和 Y010～Y012 均复位。

硬件系统设计：首先对控制系统的 PLC、输入按钮、输出用指示灯进行选型，然后进行 I/O 地址分配，最后进行接线。

软件系统设计：利用所学知识编写抢答器控制程序及注释，下传到 PLC 中，并进行调试。

3. 将图 5-79 所示的梯形图转换成指令表。

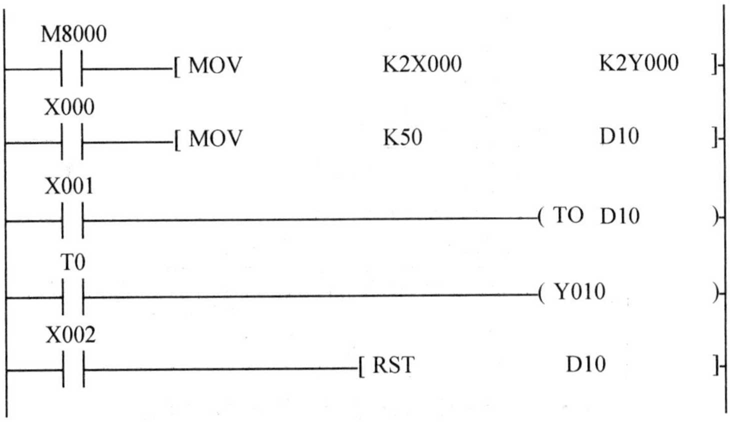

```
M8000
├─┤├──────────────[ MOV        K2X000         K2Y000  ]
X000
├─┤├──────────────[ MOV        K50            D10      ]
X001
├─┤├──────────────────────────────────────( TO  D10   )
T0
├─┤├──────────────────────────────────────( Y010      )
X002
├─┤├──────────────[ RST        D10                     ]
```

图 5-79

4. 将下列指令表转换成梯形图,并分析其功能。

LD	X000	
ANI	T1	
OUT	T0	K20
LD	T0	
OUT	T1	K20
LDI	T0	
AND	X000	
MOVP	K85	K2Y000
LD	T0	
AND	X000	
MOVP	K170	K2Y000
END		

5. 如图 5-80 所示,在地下停车场的出入口处,为了节省空间,同时只允许一辆车进出,在进出通道的两端设置有红绿灯,光电开关 X000 和 X001 用于检测是否有车经过,光线被车遮住时 X000 或 X001 为 ON。有车进入通道时(光电开关检测到车的前沿)两端的绿灯灭,红灯亮,以警示两方后来的车辆不可再进入通道。车开出通道时,光电开关检测到车的后沿,两端的红灯灭,绿灯亮,其他车辆可以进入通道。

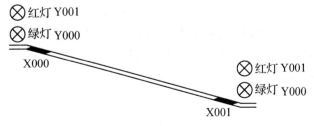

图 5-80　地下停车场的交通灯控制示意图

6. 用顺序控制设计法来实现的顺序功能图如图 5-81 所示。

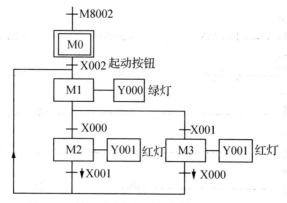

图 5-81　地下停车场的交通灯控制顺序功能图

用"起—保—停"编程方法将图 5-81 转换成梯形图上机调试，并画出在没有启动按钮情况下的功能流程图。

任务 5.4　PLC 在 T68 镗床电气控制系统中的应用

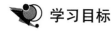 学习目标

1. 知识目标

（1）掌握 PLC 编程的基本思路和方法；

（2）掌握编程软件的应用；

（3）掌握 PLC 基本指令和功能指令的应用。

2. 能力目标

（1）会选择使用 PLC；

（2）能够对 T68 镗床电气控制系统进行 PLC 改造；

（3）会通电调试，出现故障时，能根据设计要求进行检修；

（4）能进行 PLC 外部接线及操作；

（5）能进行程序的输入、检查、修改、下载和运行操作。

任务描述

以 PLC 程序控制设计为载体，通过 PLC 基本操作与基本电路的编程、T68 镗床电气控制系统的 PLC 程序设计等具体工作任务，引导讲授与具体工作相关联的线路接线、编程、调试，加强学生理解能力和程序设计能力。

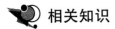

相关知识

5.4.1　算术运算和逻辑运算功能指令(FNC20~FNC29 共 10 条)

数据运算指令共有 10 条,所有运算指令均为二进制代数运算。最常用的几种运算指令使用方法介绍如下。

1　加法指令 ADD(FNC20)

ADD 指令是把两个源操作数[S1]、[S2]相加,结果存放到目标元件[D]中,ADD 加法指令的梯形图格式如图 5-82 所示。

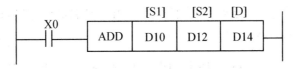

图 5-82　ADD 指令的梯形图

若源操作数元件和目标元件相同,而且采用连续执行的 ADD、(D)ADD 指令时,加法的结果在每个扫描周期都会改变。

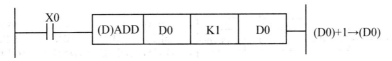

图 5-83　(D)ADD 指令的梯形图

2　减法指令 SUB(FNC21)

减法指令 SUB 的梯形图格式如图 5-84 所示。

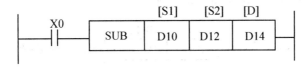

图 5-84　SUB 指令的梯形图

(D)SUB(P)指令执行结果与后述(D)DEC(P)指令的运算相似,区别仅在于前者可得到标志的状态。

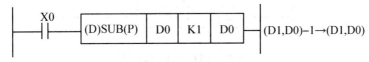

图 5-85　(D)SUB(P)指令的梯形图

3　乘法指令 MUL(FNC22)

MUL 指令是将两个源操作数[S1]、[S2]相乘,结果存放到目标操作数[D]中。16 位运算如图 5-86 所示,32 位乘法时,如图 5-87 所示。

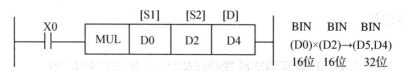

图 5-86 乘法指令 MUL 的 16 位运算梯形图

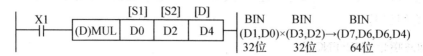

图 5-87 32 位乘法梯形图

4 除法指令 DIV（FNC23）

DIV 指令是将两数相除，结果存放到目标元件中。除法指令 DIV 的 16 位运算如图5-88所示，当 32 位数运算时如图 5-89 所示。

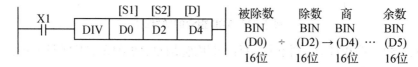

图 5-88 除法指令 DIV 的 16 位运算梯形图

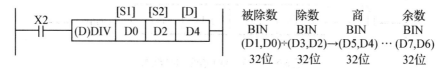

图 5-89 除法指令的 32 位运算梯形图

5 加 1 指令 INC（FNC24）、减 1 指令 DEC（FNC25）

加 1 指令 INC 的梯形图格式如图 5-90 所示。

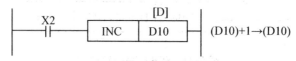

图 5-90 INC 指令的梯形图

减 1 指令 DEC 的梯形图格式如图 5-91 所示。

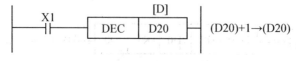

图 5-91 DEC 指令的梯形图

6 逻辑与指令 WAND（FNC26）

WAND 指令的梯形图格式如图 5-92 所示。

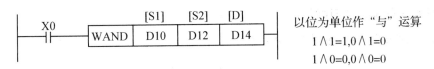

图 5-92　WAND 指令的梯形图

7　逻辑或指令 WOR（FNC27）

逻辑或运算指令的梯形图格式如图 5-93 所示。

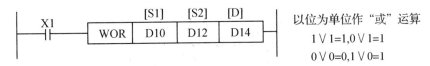

图 5-93　WOR 指令的梯形图

8　逻辑异或指令 WXOR（FNC28）

逻辑异或指令 WXOR 的梯形图格式如图 5-94 所示。

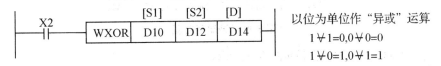

图 5-94　WXOR 指令的梯形图

9　求补指令 NEG（FNC29）

求补指令 NEG 的梯形图格式如图 5-95 所示。

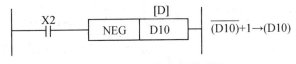

图 5-95　NEG 指令的梯形图

5.4.2　数据处理指令（FNC40～FNC49 共 10 条）

1　区间复位指令 ZRST（FNC40）

ZRST 是同类元件的成批复位指令，也叫区间复位指令，其梯形图格式如图 5-96 所示。

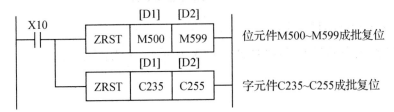

图 5-96　ZRST 指令的梯形图

2 译码指令 DECO(FNC41)

该指令的梯形图格式如图 5-97 所示。

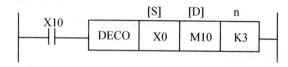

图 5-97　DECO 指令的梯形图

译码说明如图 5-98 所示。

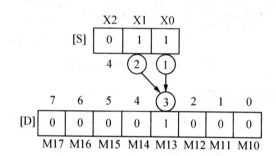

图 5-98　译码说明图

译码指令 DECO 的应用举例如图 5-99 所示。

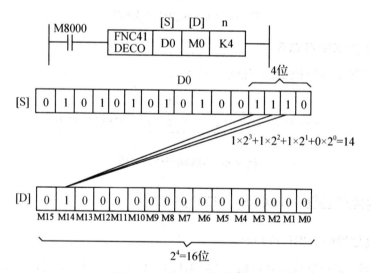

图 5-99　译码指令应用举例

3 编码指令 ENCO(FNC42)

该指令的梯形图格式及使用说明如图 5-100 所示。[S]为位元件。

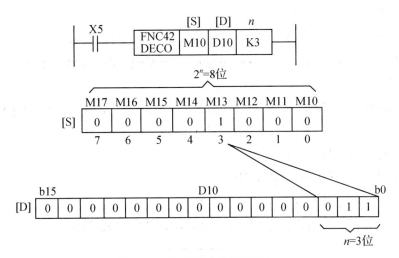

图 5-100　编码指令使用说明之一

当[S]是字元件时,最高置 1 的位数存放到目标[D]所指定的元件中去,[D]中数值的范围由 n 确定。其详细说明见图 5-101。

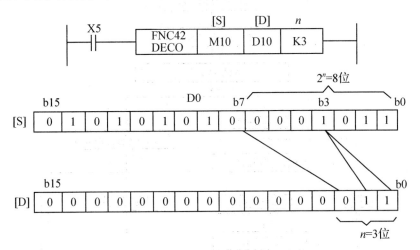

图 5-101　编码指令使用说明之二

5.4.3　可编程控制器控制系统的设计

可编程控制器技术最主要是应用于自动化控制工程中,如何综合地运用前面学过知识点,根据实际工程要求设计出合理的控制系统,是相关工程技术人员必须熟练掌握的,在此介绍可编程控制器控制系统的一般设计方法。

1　可编程控制器控制系统设计的基本步骤

(1)系统设计的主要内容

1)拟定控制系统设计的技术条件。技术条件一般以设计任务书的形式来确定,它是整个设计的依据;

2)选择电气传动形式和电动机、电磁阀等执行机构;

3）选定 PLC 的型号；

4）编制 PLC 的输入/输出分配表或绘制输入/输出端子接线图；

5）根据系统设计的要求编写软件规格说明书，然后再用相应的编程语言（常用梯形图）进行程序设计；

6）了解并遵循用户认知心理学，重视人机界面的设计，增强人与机器之间的友善关系；

7）设计操作台、电气柜及非标准电器元部件；

8）编写设计说明书和使用说明书。

根据具体任务，上述内容可适当调整。

（2）系统设计的基本步骤

可编程控制器应用系统设计与调试的主要步骤，如图 5-102 所示。

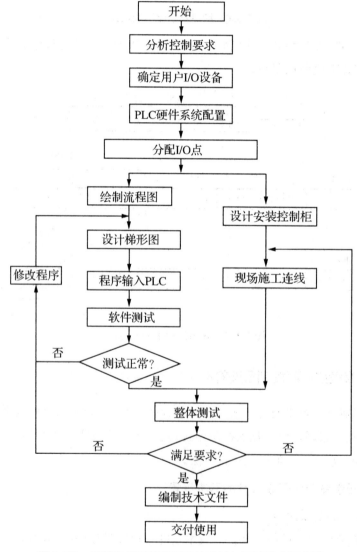

图 5-102　可编程控制器应用系统设计与调试的主要步骤

1）深入了解和分析被控对象的工艺条件和控制要求

被控对象就是受控的机械、电气设备、生产线或生产过程。控制要求主要指控制的基本方式、应完成的动作、自动工作循环的组成、必要的保护和联锁等。对较复杂的控制系统，还可将控制任务分成几个独立部分，化繁为简，有利于编程和调试。

2）确定 I/O 设备

根据被控对象对 PLC 控制系统的功能要求，确定系统所需的用户输入、输出设备。常用的输入设备有按钮、选择开关、行程开关、传感器等，常用的输出设备有继电器、接触器、指示灯、电磁阀等。

3）选择合适的 PLC 类型

根据已确定的用户 I/O 设备，统计所需的输入信号和输出信号的点数，选择合适的 PLC 类型，包括机型的选择、容量的选择、I/O 模块的选择、电源模块的选择等。

4）分配 I/O 点

分配 PLC 的输入输出点，编制出输入/输出分配表，画出输入/输出端子的接线图。接着就可以进行 PLC 程序设计，同时可进行控制柜或操作台的设计和现场施工。

5）设计应用系统梯形图程序

根据工作功能图表或状态流程图等设计出梯形图即编程。这一步是整个应用系统设计中最核心的工作，也是比较困难的一步。要设计好梯形图，首先要十分熟悉控制要求，同时还要有一定的电气设计的实践经验。

6）将程序输入 PLC

当使用简易编程器将程序输入 PLC 时，需要先将梯形图转换成指令助记符，以便输入。当使用可编程序控制器的辅助编程软件在计算机上编程时，可通过上下位机的连接电缆将程序下载到 PLC 中去。

7）进行软件测试

程序输入 PLC 后，应先进行测试工作。因为在程序设计过程中，难免会有疏漏的地方。因此在将 PLC 连接到现场设备上前，必需先进行软件测试，以排除程序中的错误，同时也为整体调试打好基础，缩短整体调试的周期。

8）应用系统整体调试

在 PLC 软硬件设计和控制柜及现场施工完成后，就可以进行整个系统的联机调试，如果控制系统是由几个部分组成，则应先做局部调试，然后再进行整体调试；如果控制程序的步序较多，则可先进行分段调试，然后再连接起来总调。调试中发现的问题，要逐一排除，直至调试成功。

9）编制技术文件

系统技术文件包括说明书、电气原理图、电器布置图、电气元件明细表、PLC 梯形图。

2　PLC 硬件系统设计

PLC 的硬件系统一般由 PLC、输入/输出设备和控制柜等构成。

（1）硬件设计的基本原则

① 确定控制方案　控制方案应最大限度地满足被控对象的控制要求。

② 可靠性　可靠性是 PLC 系统的生命。

③ 功能完善　在保证完成控制功能的基础上，应尽可能地将自检、报警以及安全保护等功能纳入设计方案，使系统的功能更加完善。

④ 经济性　在保证可靠性和控制功能的基础上，还应尽可能地降低成本。

（2）硬件设计的一般步骤

在做出系统控制方案的决策之前，要详细了解被控对象的控制要求，从而决定是否选用 PLC 进行控制。

在控制系统逻辑关系较复杂（需要大量中间继电器、时间继电器、计数器等）、工艺流程和产品改型较频繁、需要进行数据处理和信息管理（有数据运算、模拟量的控制、PID 调节等）、系统要求有较高的可靠性和稳定性、准备实现工厂自动化联网等情况下，使用 PLC 控制是很必要的。

1）选择适合的 PLC 机型

目前，国内外众多的生产厂家提供了多种系列功能各异的 PLC 产品，使用户眼花缭乱、无所适从。所以全面权衡利弊、合理地选择机型才能达到经济实用的目的。

PLC 机型的选用应从性能结构、I/O 点数、存储器容量以及特殊功能等方面来综合衡量，以满足系统功能需要为宗旨，不要盲目贪大求全，以免造成投资和设备资源的浪费。

I/O 点数的选择

盲目选择 I/O 点数多的机型会造成一定浪费。

要先弄清除控制系统的 I/O 总点数，再按实际所需总点数的 15%～20% 留出备用量（为系统的改造等留有余地）后确定所需 PLC 的点数。

另外要注意，一些高密度输入点的模块对同时接通的输入点数有限制，一般同时接通的输入点不得超过总输入点的 60%；PLC 每个输出点的驱动能力（A/点）也是有限的，有的 PLC 其每点输出电流的大小还随所加负载电压的不同而异；一般 PLC 的允许输出电流随环境温度的升高而有所降低。在选型时要考虑这些问题。

PLC 的输出点可分为共点式、分组式和隔离式几种接法。隔离式的各组输出点之间可以采用不同的电压种类和电压等级，但这种 PLC 平均每点的价格较高。如果输出信号之间不需要隔离，则应选择前两种输出方式的 PLC。

表 5-10 中列出了典型的传动设备及电气元件所需的可编程序控制器 I/O 点数。此表对估算控制对象所需 I/O 点数具有一定的参考价值。控制器的 I/O 点数的要求与接入的输入/输出设备有关。

表 5-10　典型传动设备及常用电气元件所需的 I/O 点数

序号	电气元件或设备	输入点数	输出点数	I/O 点总数	序号	电气元件或设备	输入点数	输出点数	I/O 点总数
1	Y—△启动笼型电动机	4	3	7	11	按钮	1		1
2	单向运行笼型电动机	4	1	5	12	光电管开关	2		2
3	单向变极笼型电动机	5	3	8	13	信号灯		1	1
4	可逆运行笼型电动机	5	2	7	14	拨码开关	4		4
5	单向运行直流电动机	9	6	15	15	三挡开关	3		3
6	可逆运行直流电动机	12	8	20	16	行程开关	1		1
7	单线圈电磁阀	2	1	3	17	接近开关	1		1
8	双线圈电磁阀	3	2	5	18	抱闸		1	1
9	比例阀	3	5	8	19	风机		1	1
10	可逆变极电动机	6	4	10	20	位置开关	2		2

存储容量的选择

对用户存储容量只能作粗略的估算。在仅对开关量进行控制的系统中,可以用输入总点数＊10 字/点＋输出总点数＊5 字/点来估算;计数器/定时器按(3～5)字/个估算;有运算处理时按(5～10)字/量估算;在有模拟量输入/输出的系统中,可以按每输入/(或输出)一路模拟量约需(80～100)字左右的存储容量来估算;有通信处理时按每个接口 200 字以上的数量粗略估算。最后,一般按估算容量的 50%～100% 留有裕量。对缺乏经验的设计者,选择容量时留有裕量要大些。

I/O 响应时间的选择

PLC 的 I/O 响应时间包括输入电路延迟、输出电路延迟和扫描工作方式引起的时间延迟(一般在 2～3 个扫描周期)等。对开关量控制的系统,PLC 和 I/O 响应时间一般都能满足实际工程的要求,可不必考虑 I/O 响应问题。但对模拟量控制的系统,特别是闭环系统就要考虑这个问题。

输出方式的选择

不同的负载对 PLC 的输出方式有相应的要求。例如,频繁通断的感性负载,应选择晶体管或晶闸管输出型的,而不应选用继电器输出型的。但继电器输出型的 PLC 有许多优点,如导通压降小,有隔离作用,价格相对较便宜,承受瞬时过电压和过电流的能力较强,其负载电压灵活(可交流、可直流),且电压等级范围大等。所以动作不频繁的交、直流负载可以选择继电器输出型的 PLC。

结构形式的选择

在相同功能和相同 I/O 点数据的情况下,整体式比模块式价格低。但模块式具有功能扩展灵活,维修方便(换模块),容易判断故障等优点,要按实际需要选择 PLC 的结构形式。

2)分配输入/输出点

一般输入点和输入信号、输出点和输出控制是一一对应的。分配好后,按系统配置的通道与接点号,分配给每一个输入信号和输出信号,即进行编号。在个别情况下,也有两个信号用一个输入点的,那样就应在接入输入点前,按逻辑关系接好线(如两个触点先串联或并联),然后再接到输入点。

为了防止接线错误,要做成一个 I/O 分配表,并设计 PLC 的 I/O 端口接线图。一般来说,辅助继电器、定时器和计数器等元件可不必列在 I/O 表中。

确定 I/O 通道范围

不同型号的 PLC,其输入/输出通道的范围是不一样的,应根据所选 PLC 型号,查阅相应的编程手册,决不可"张冠李戴"。

内部辅助继电器

内部辅助继电器不对外输出,不能直接连接外部器件,而是在控制其他继电器、定时器/计数器时作数据存储或数据处理用。

从功能上讲,内部辅助继电器相当于传统电控柜中的中间继电器。未分配模块的输入/输出继电器区以及未使用1:1链接时的链接继电器区等均可作为内部辅助继电器使用。根据程序设计的需要,应参阅有关操作手册,合理安排 PLC 的内部辅助继电器,在设计说明书中应详细列出各内部辅助继电器在程序中的用途,避免重复使用。

分配定时器/计数器

PLC 的定时器/计数器数量分别见有关操作手册。

3) 输入输出模块的选择

除了 I/O 点数之外,还要考虑 I/O 模块的工作电压(直流或交流)以及外部接线方式。

对于输入模块主要考虑两点:一是根据现场输入信号与 PLC 输入模块距离的远近来选择工作电压,二是高密度的输入模块。

除了开关信号之外,工业控制中还要对温度、压力、物位(或液位)和流量等过程变量以及运动控制变量等进行检测和控制。

3 PLC 软件系统设计

(1) PLC 软件系统设计的方法

在明确了生产工艺要求,分析了各输入、输出与各种操作之间的逻辑关系,确定了需要检测的量和控制方法的基础上,可根据系统中各设备的操作内容和操作顺序,画出系统控制的流程图,用于清楚地表明动作的顺序和条件。流程图是编程的主要依据,因而要尽可能详细。

编制 PLC 控制程序的方法很多,这里主要介绍几种典型的编程方法。

1) 图解法编程

图解法是靠画图进行 PLC 程序设计,常见的主要有梯形图法、逻辑流程图法、时序流程图法和步进顺控法。

梯形图法:梯形图法是用梯形图语言去编制 PLC 程序。这是一种模仿继电器控制系统的编程方法,其图形甚至元件名称都与继电器控制电路十分相近。这种方法很容易地就可以把原继电器控制电路移植成 PLC 的梯形图语言。这对于熟悉继电器控制的人来说,是最为方便的一种编程方法。

逻辑流程图法:逻辑流程图法是用逻辑框图表示 PLC 程序的执行过程,反应输入与输出的关系。逻辑流程图法是把系统的工艺流程,用逻辑框图表示出来形成系统的逻辑流程图。这种方法编制的 PLC 控制程序逻辑思路清晰、输入与输出的因果关系及联锁条件明确。逻辑流程图会使整个程序脉络清楚,便于分析控制程序、查找故障点、调试程序和维修程序。有时对一个复杂的程序,直接用语句表和用梯形图编程可能觉得难以下手,则可以先画出逻辑流程图,再为逻辑流程图的各个部分用语句表和梯形图编制 PLC 应用程序。

时序流程图法:时序流程图法是首先画出控制系统的时序图(即到某一个时间应该进行哪项控制的控制时序图),再根据时序关系画出对应的控制任务的程序框图,最后把程序框图写成 PLC 程序。时序流程图法很适合于以时间为基准的控制系统的编程方法。

步进顺控法:步进顺控法是在顺控指令的配合下设计复杂的控制程序。一般比较复杂的程序,都可以分成若干个功能比较简单的程序段,一个程序段可以看成整个控制过程中的一步。从整个角度去看,一个复杂系统的控制过程是由这样若干个步组成的。系统控制的任务实际上可以认为在不同时刻或者在不同进程中去完成对各个步的控制。为此,不少 PLC 生产厂家在自己的 PLC 中增加了步进顺控指令。在画完各个步进的状态流程图之后,可以利用步进顺控指令方便地编写控制程序。

2)经验法编程

经验法是运用自己的或别人的经验进行设计。多数是设计前先选择与自己工艺要求相近的程序,把这些程序看成是自己的"试验程序"。结合自己工程的情况,对这些"试验程序"逐一修改,使之适合自己的工程要求。这里所说的经验,有的是来自自己的经验总结,有的可能是别人的设计经验,这就需要日积月累,善于总结。

3)计算机辅助设计编程

计算机辅助设计是通过 PLC 编程软件在计算机上进行程序设计、离线或在线编程、离线仿真和在线调试等等。使用编程软件可以十分方便地在计算机上离线或在线编程、在线调试,使用编程软件可以十分方便地在计算机上进行程序的存取、加密以及形成 EXE 运行文件。

(2) PLC 软件系统设计的步骤

在了解了程序结构和编程方法的基础上,就要实际地编写 PLC 程序了。编写 PLC 程序和编写其他计算机程序一样,都需要经历如下过程。

1)对系统任务分块

分块的目的就是把一个复杂的工程,分解成多个比较简单的小任务。这样就把一个复杂的大问题化为多个简单的小问题。这样可便于编制程序。

2)编制控制系统的逻辑关系图

从逻辑关系图上,可以反应出某一逻辑关系的结果是什么。这个逻辑关系可以是以各个控制活动顺序为基准,也可能是以整个活动的时间节拍为基准。逻辑关系图反映了控制过程中控制作用与被控对象的活动,也反应了输入与输出的关系。

3）绘制各种电路图

绘制各种电路的目的,是把系统的输入输出所设计的地址和名称联系起来。这是很关键的一步。在绘制 PLC 的输入电路时,不仅要考虑到信号的连接点是否与命名一致,还要考虑到输入端的电压和电流是否合适,也要考虑到在特殊条件下运行的可靠性与稳定条件等问题。特别要考虑到能否把高压引导到 PLC 的输入端,把高压引入 PLC 输入端,会对 PLC 造成比较大的伤害。在绘制 PLC 的输出电路时,不仅要考虑到输出信号的连接点是否与命名一致,还要考虑到 PLC 输出模块的带负载能力和耐电压能力。此外,还要考虑到电源的输出功率和极性问题。在整个电路的绘制中,还要考虑设计的原则努力提高其稳定性和可靠性。虽然用 PLC 进行控制方便、灵活,但是在电路的设计上仍然需要谨慎、全面。因此,在绘制电路图时要考虑周全,何处该装按钮,何处该装开关,都要一丝不苟。

4）编制 PLC 程序并进行模拟调试

在绘制完电路图之后,就可以着手编制 PLC 程序了。当然可以用上述方法编程。在编程时,除了要注意程序要正确、可靠之外,还要考虑程序要简捷、省时、便于阅读、便于修改。编好一个程序块要进行模拟实验,这样便于查找问题,便于及时修改,最好不要在整个程序完成后才一起算总帐。

5）制作控制台与控制柜

在绘制完电器、编完程序之后,就可以制作控制台和控制柜了。在时间紧张的时候,这项工作也可以和编制程序并列进行。在制作控制台和控制柜的时候要注意选择开关、按钮、继电器等器件的质量,规格必须满足要求。设备的安装必须注意安全、可靠。比如说屏蔽问题、接地问题、高压隔离等问题必须妥善处理。

6）现场调试

现场调试是整个控制系统完成的重要环节。任何程序的设计都很难说不经过现场调试就能使用的。只有通过现场调试才能发现控制回路和控制程序不能满足系统要求之处;只有通过现场调试才能发现控制电路和控制程序发生矛盾之处;只有进行现场调试才能最后实地测试和最后调整控制电路和控制程序,以适应控制系统的要求。

7）编写技术文件并现场试运行

经过现场调试以后,控制电路和控制程序基本被确定了,整个系统的硬件和软件基本没有问题了。这时就要全面整理技术文件,包括整理电路图、PLC 程序、使用说明及帮助文件。到此工作基本结束。

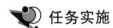 任务实施

一、任务描述

1 设计任务的目的及意义

随着工业技术的不断完善,各种新型技术在工业生产中广泛应用,使劳动人员从劳动条件差、任务繁重、单一、重复、高温、危险等工作中得以解脱,并且提高工作效率。传统的镗

床控制系统采用继电接触器控制系统,不但接触触点多而且接线复杂,而且经常出现故障,可靠性较差,因此许多工厂应用PLC可编程控制器对现有的机械加工设备的电气控制系统进行改造。

本设计利用三菱公司FX系列PLC对T68型卧式镗床进行改造,其改造过程包括可编程控制器的机型选择、输入输出地址分配、输入输出端接线图及可编程控制器梯形图程序设计,分析了用可编程序控制器控制镗床的工作过程。运用其可靠性高、抗干扰能力强、编程简单、使用方便、控制程序可变、体积小、质量轻、功能强和价格低廉等特点,将机械加工设备的功能、效率、柔性提高到一个新的水平,改善产品的加工质量,降低设备故障率,提高生产效率,其经济效率显著。

2　镗床的主要结构,运动形式和控制要求

(1) 卧式镗床的主要结构

T68型卧式镗床的结构如图5-103所示,主要由床身、前立柱、镗头架、后立柱、尾座、下溜板、上溜板、工作台等部分组成。

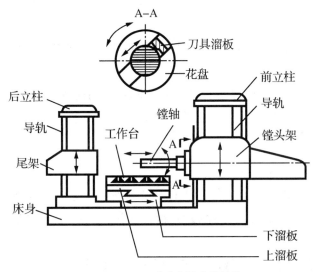

图 5-103　T68 型卧式镗床的结构

床身是一个整体的铸件,在它的一端固定有前立柱,在前立柱的垂直导轨上装有镗头架,镗头架可沿导轨垂直移动。镗头架上装有主轴、主轴变速箱、进给箱与操纵机构等部件。切削刀具固定在镗轴前端的锥形孔里,或装在平旋盘的刀具溜板上。在镗削加工时,镗轴一面旋转,一面沿走轴向做进给运动。平旋盘只能旋转,装在其上的刀具溜板做径向进给运动,因此独自旋转,也可以不同转速同时旋转。

在床身的另一端装有后立柱,后立柱可沿床身导轨在镗主向方向调整位置。在后立柱导轨上安装有尾座,用来支持镗轴的末端,尾座与镗头架同时升降,保证二者的轴心在同一水平线上。

安装工件的做工台安放在床身中部的导轨上,它由下溜板、上溜板与可转动的做工台组成。下溜板可沿床身导轨做纵向运动,上溜板可沿下溜板的导轨做横向运动,工作台相对于

下溜板可做回转运动。

（2）卧式镗床的运动形式

1）主运动为镗轴和平旋盘的旋转运动。

2）进给运动为镗轴的轴向进给、平旋盘刀具溜板的径向进给、镗头架的垂直进给、工作台的纵向进给和横向进给。

3）辅助运动为工作台的回转、后立柱的轴向移动、尾座的垂直移动及各部分的快速移动等。

（3）卧式镗床的控制要求

1）主轴旋转与进给量都有较宽的调速范围，主运动与进给运动由一台电动机拖动，为简化传动机构采用双速笼型异步电动机。

2）由于各种进给运动都有正反不同方向的运转，故主电动机要求正、反转。

3）为满足调整工作需要，主电动机应能实现正、反转的点动控制。

4）保证主轴停车迅速、准确，主电动机应有制动停车环节。

5）主轴变速与进给变速可在主电动机停车或运转时进行。为便于变速时齿轮啮合，应有变速低速冲动过程。

6）为缩短辅助时间，各进给方向均能快速移动，配有快速移动电动机拖动，采用快速电动机正、反转的点动控制方式。

7）主电动机为双速电机，有高、低两种速度供选择，高速运转时应先经低速启动。

8）由于运动部件多，应设有必要的联锁与保护环节。

3 改造方案的确定

（1）原镗床的工艺加工方法不变。

（2）在保留主电路的原有元件的基础上，不改变原控制系统电气操作方法。

（3）电气控制系统控制元件（包括按钮、行程开关、热继电瑞、接触器），作用与原电气线路相同。

（4）主轴和进给启动、制动、低速、高速和变速冲动的操作方法不变。

（5）改造原继电器控制中的硬件接线，改为 PLC 编程实现。

二、硬件设计

1 硬件选型

（1）PLC 选型

输入点数的确定：

原主轴电动机正反转启动按钮 2 个，主轴电机正反转、点动控制按钮 2 个，主轴电机停止按钮 1 个，主轴变速限位开关 2 个，进给限位开关 2 个，主轴箱、工作台与主轴进给互锁限位开关 2 个，快速正反转、限位开关 2 个，主轴电机反接制动速度继电器 2 个，主轴高、低速变换行程开关 1 个，主轴电动机的过载保护 1 个，机床照明 1 个，输入点数共 18 个。

输出点数的确定：

原主轴电机正、反转交流接触器需要输出点 2 个,主电机低速和高速转换用交流接触器需要输出点 2 个,限流电阻短路用接触器需要输出点 1 个,快速电机正反转用交流接触器需要输出点 2 个,机床照明 1 个,机床电源指示 1 个,共 9 个。

根据输入输出点数确定采用三菱 FX2N—48MR 型 PLC。

(2)输入电路

输入电路由启动按钮、停止按钮、高低速转换开关、工作台进给箱限位开关等组成,全部采用 24 V 直流电源,由 PLC 本身供电。

(3)输出电路

输出电路由电动机正反转控制接触器,主轴电动机的高低速控制接触器等组成,额定电压为 220 V,由外部电源供电,熔断器用于短路保护。

2 资源分配

根据 T68 型镗床的控制要求,所用器件的资源分配如表 5-11 所示,相应的 I/O 接线图如图 5-104 所示。

表 5-11　I/O 分配表

输入设备		PLC 输入继电器	输出设备		PLC 输出继电器
代号	功能		代号	功能	
SB2	M1 的正转按钮	X1	KM1	M1 的正转接触器	Y0
SB3	M1 的反转按钮	X2	KM2	M1 的反转接触器	Y1
SB4	M1 的正转点动按钮	X3	KM3	限流电阻制动接触器	Y2
SB5	M1 的反转点动按钮	X4	KM4	M1 高速三角形接触器	Y3
SB1	M1 停止按钮	X0	KM5	M1 高速 YY 接触器	Y4
SQ1	工作台或主轴箱进给开关	X5	KM6	M2 的正转接触器	Y5
SQ2	主轴快速进给行程开关	X6	KM7	M2 的反转接触器	Y6
SQ5	主轴变速冲动行程开关	X7	HL	机床运转电源指示	Y10
SQ6	给进变速冲动行程开关	X10	EL	机床照明	Y14
SQ7	M1 高低速控制行程开关	X11			
QS1	机床照明开关	X12			
SQ9	电动机 M2 的正转限位	X13			
SQ8	电动机 M2 的反转限位	X14			
KS1	速度继电器正转触点	X15			
KS2	速度继电器反转触点	X16			
FR	M1 热继电器动合触点	X17			
SQ3	主轴变速开关	X20			
SQ4	进给变速开关	X21			

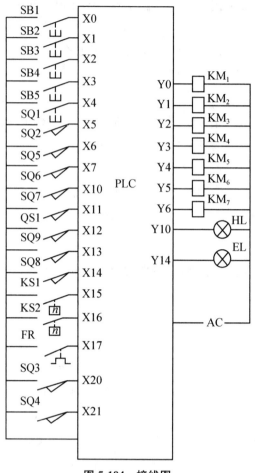

图 5-104　接线图

三、软件设计

1　软件编程

T68 型卧式镗床 PLC 改造的梯形图如图 5-105 所示。

2　程序调试

（1）在断电状态下，连接好 PC/PPI 电缆。

（2）将 PLC 运行模式选择开关拨到 STOP 位置，此时 PLC 处于停止状态，可以进行程序编写。

（3）在作为编程器的计算机上，运行 SWOPC-FXGP/WIN-C 或 GX Developer 编程软件。

（4）将图 4-104 所示的梯形图程序输入到计算机中。

（5）执行"PLC"→"传送"→"写出"命令，将程序文件下载到 PLC 中。

（6）将 PLC 运行模式的选择开关拨到 RUN 位置，使 PLC 进入运行方式。

（7）按下启动按钮，对程序进行调试运行，观察程序的运行情况。

（8）记录程序调试的结果。

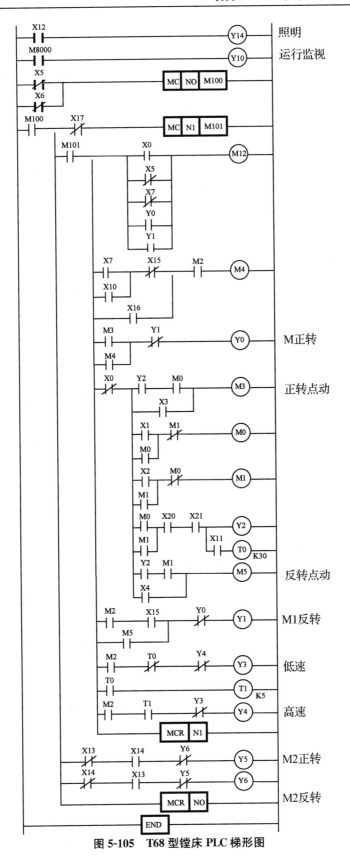

图 5-105 T68 型镗床 PLC 梯形图

练习与思考题

1. 梯形图如图 5-106 所示，请将梯形图转换成指令表，并测试；改变 K6 和 K8 的数值，重新测试结果。

```
M8000
─┤├──────────────┤ MOV    K6      D0  ├
                 ┤ MOV    K8      D1  ├
X000
─┤├──┤ ADD    D0      D1      D2  ├
```

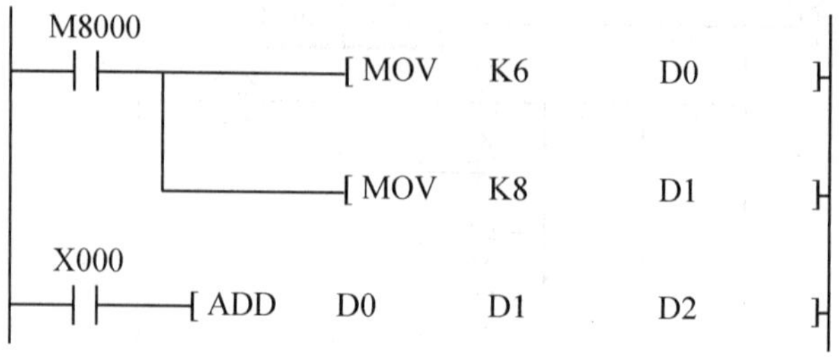

图 5-106

2. 梯形图如图 5-107 所示，请将梯形图转换成指令表，并测试；改变 K18 和 K8 的数值，重新测试结果。

```
M8000
─┤├──────────────┤ MOV    K1      D0  ├
                 ┤ MOV    K8      D1  ├
X000
─┤├──┤ SUB    D0      D1      D2  ├
```

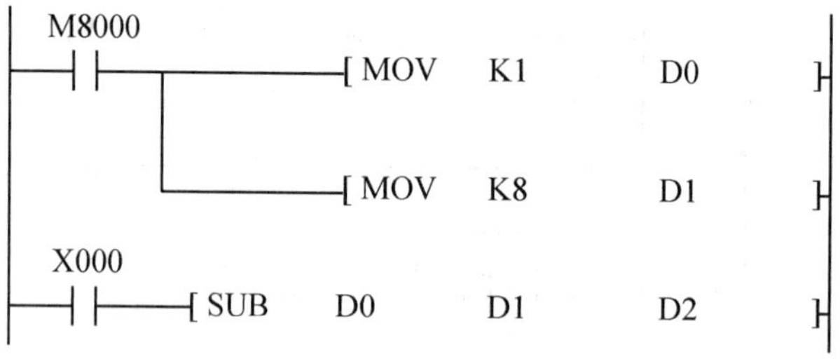

图 5-107

3. 梯形图如图 5-108 所示，请将梯形图转换成指令表，并测试；改变常数数值，重新测试结果。

```
M8000
─┤├──────────────┤ MOV    K55     D0  ├
                 ┤ MOV    K60     D1  ├
X000
─┤├──┤ MUL    D0      D1      D2  ├
```

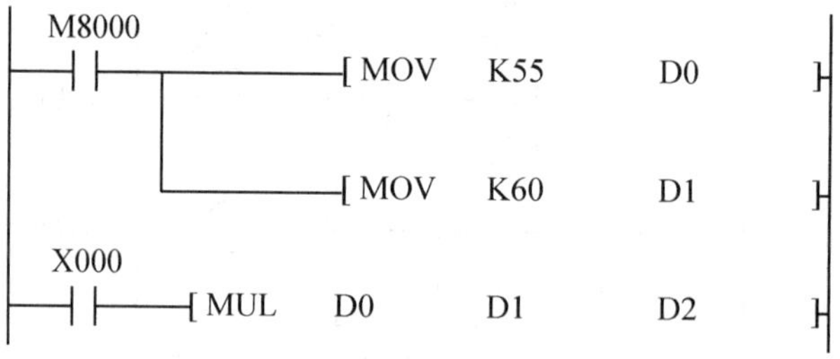

图 5-108

4. 梯形图如图 5-109 所示，请将梯形图转换成指令表，并测试；改变常数数值，重新测试结果。

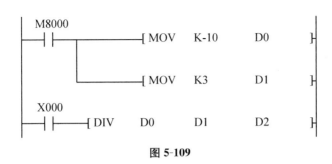

图 5-109

5. 编程实现如下的运算：$Y = 18X/4 - 3$。

6. 用乘除法指令实现灯组的移位循环。有一组灯共有 15 只，分别接于 Y000～Y17，要求：当 X000＝ON 时，灯正序每隔 1 秒单个移位，并循环；当 X001＝ON 并且 Y000＝OFF 时，灯反序每隔 1 秒单个移位，至 Y000 为 ON，停止。

参 考 文 献

［1］方承远. 工厂电气控制技术. 北京：机械工业出版社，1996

［2］熊幸明. 工厂电气控制技术. 北京：清华大学出版社，2005

［3］邱毓昌. 电气控制技术. 北京：清华大学出版社，2005

［4］张万忠，刘明芹. 电器与 PLC 控制技术. 北京：化学工业出版社，2003

［5］吴元修. 可编程控制系统设计与实训. 北京：北京师范大学出版社，2011

［6］夏辛明，黄鸿，高岩. 可编程控制器技术及应用. 北京：北京理工大学出版社，2005

［7］胡汉文. 电气控制与 PLC 应用. 北京：人民邮电出版社，2009